H. J. Blaß, P. Schädle

Aussteifende Wandscheiben in Einzelelement-Bauweise

Titelbild: Ansicht des Wandscheiben-Prüfstandes an der Universität
Karlsruhe mit Belastungsprotokoll (oben links) und Hysteresekurve (unten links)

Band 13 der Reihe
Karlsruher Berichte zum Ingenieurholzbau

Herausgeber
Universität Karlsruhe (TH)
Lehrstuhl für Ingenieurholzbau und Baukonstruktionen
Univ.-Prof. Dr.-Ing. H. J. Blaß

Aussteifende Wandscheiben in Einzelelement-Bauweise

Die Arbeiten wurden im Rahmen des PROgrammes „Förderung der Erhöhung der INNOvationskompetenz mittelständischer Unternehmen" (PRO INNO II) über die Arbeitsgemeinschaft industrieller Forschungsvereinigungen „Otto von Guericke" e.V. (AIF) unter dem Förderkennzeichen KF0352101LK6 gefördert. Die Verantwortung für den Inhalt dieser Veröffentlichung liegt bei den Autoren.

von
H. J. Blaß
P. Schädle
Lehrstuhl für Ingenieurholzbau und Baukonstruktionen
Universität Karlsruhe (TH)

universitätsverlag karlsruhe

Impressum

Universitätsverlag Karlsruhe
c/o Universitätsbibliothek
Straße am Forum 2
D-76131 Karlsruhe
www.uvka.de

Universitätsverlag Karlsruhe 2009
Print on Demand

ISSN: 1860-093X
ISBN: 978-3-86644-334-1

Vorwort

Dieser Forschungsbericht stellt die Ergebnisse eines Kooperationsprojektes zwischen einem Unternehmen, der Holz–Isolier-Bau (HIB)-Elemente GmbH, und einer Forschungseinrichtung, der Versuchsanstalt für Stahl, Holz und Steine (VA SHS) der Universität Karlsruhe vor.

Das Projekt wurde im Rahmen des PROgrammes „Förderung der Erhöhung der INNOvationskompetenz mittelständischer Unternehmen" (PRO INNO II) über die Arbeitsgemeinschaft industrieller Forschungsvereinigungen „Otto von Guericke" e.V. (AIF) unter dem Förderkennzeichen KF0352101LK6 gefördert.

Beim Projekt PRO INNO II arbeiteten die VA SHS und die Firma HIB-Elemente GmbH dahingehend zusammen, die Wandelemente der HIB GmbH so weiter zu entwickeln und zu verbessern, dass diese hohe Horizontallasten aus Erdbeben und Sturmbelastung ohne größeren Schaden abtragen können.

Aufgabe der VA SHS war die Entwicklung geeigneter Prüfeinrichtungen, um Wände unter großen Lasten und Verschiebungen untersuchen zu können, weiterhin die Untersuchung der Eigenschaften der Wände unter simulierten Erdbeben- und Sturmlasten.

Allen Beteiligten ist für die Mitarbeit zu danken.

Hans Joachim Blaß

Inhalt

1   Einleitung 1

2   Aussteifende Wände in Holzbauwerken 3

    2.1   Allgemeines 3

    2.2   Die HIB-Elementbauweise 3

    2.3   Verhalten von Holzverbindungen unter Erdbeben- und Sturmlasten 5

3   Prüfung von Wänden in Holzbauweise 13

    3.1   Untersuchungen an aussteifenden Wandscheiben - Kenntnisstand 13

    3.2   Prüfverfahren für Wände - Kenntnisstand und Entwicklung 14

        3.2.1   Prüfverfahren mit monotoner Belastung 15

        3.2.2   Prüfverfahren mit zyklischer Belastung 16

    3.3   Prüfverfahren ISO/CD 21581 18

    3.4   Randbedingungen bei Wandscheibenversuchen 19

    3.5   Entwicklung des Karlsruher Prüfstandes 22

        3.5.1   Grundlegender Aufbau des neuen Prüfstandes 22

        3.5.2   Bauteile für Einspannung und Kraftaufbringung 24

4   Vorversuche an kleinformatigen Prüfkörpern 27

    4.1   Hintergrund der Vorversuche 27

    4.2   Ergebnisse der Vorversuche 30

        4.2.1   Versuche mit nicht geklammerten Elementen 30

        4.2.2   Versuche mit geklammerten Elementen 30

5   Versuche an Wandscheiben 33

    5.1   Zielsetzung 33

    5.2   Versuche an Wandscheiben aus HIB-Elementen 33

        5.2.1   Hintergrund der Versuchsdurchführung, Versuchsbezeichnung . 33

        5.2.2   Beschreibung und Aufbau der HIB-Elemente 35

        5.2.3   Versuchsaufbau 38

        5.2.4   Versuche mit monotoner Lastaufbringung 42

5.2.5 Versuche mit zyklischer Lastaufbringung 54

5.3 Versuche an Holztafelbauwänden 63

5.3.1 Versuchsaufbau 63

5.3.2 Versuche mit monotoner Lastaufbringung 65

5.3.3 Versuche mit zyklischer Lastaufbringung 67

5.4 Analyse und Vergleich der Versuchswände 69

5.4.1 Versuche mit monotoner Belastung 69

5.4.2 Versuche mit zyklischer Belastung 73

6 Zusammenfassung und Ausblick 77

7 Literatur 79

8 Verwendete Normen 80

9 Anhang 81

9.1 Anhang zum Abschnitt 4 81

9.2 Anhang zum Abschnitt 5.2.4 86

9.3 Anhang zum Abschnitt 5.2.5 89

9.3.1 Versuche ohne zusätzliche Auflast 89

9.3.2 Versuche mit zusätzlicher Auflast 10 kN/m 92

9.3.3 Versuche mit zusätzlicher Auflast 20 kN/m 95

9.3.4 Versuche mit zusätzlicher Auflast 10 kN/m und Kiesfüllung 98

9.4 Anhang zum Abschnitt 5.3 100

1 Einleitung

Zielsetzung dieses Forschungsvorhabens war die Verbesserung und Weiterentwicklung des von der Firma HIB (Holz–Isolier–Bau) Elemente GmbH (www.hib-system.com) angebotenen Wandelementes, um horizontalen Belastungen, wie Sie bei Erdbeben oder starken Stürmen zu erwarten sind, sicher widerstehen zu können.

Beim HIB–System werden vorgefertigte Holzelemente, bestehend aus zwei parallel angeordneten Platten sowie in der Mitte angebrachten Stegen, auf der Baustelle ineinander gesteckt und mit Klammern verbunden. In den Hohlräumen können sowohl die Dämmung als auch teilweise die Installationen untergebracht werden. Durch die Vorfertigung und die einfache Montage der Elemente wird eine schnelle und wirtschaftliche Bauausführung erreicht, bei der die Bauherren einen hohen Anteil Eigenleistung einbringen können.

Bild 1-1:   Wohngebäude aus vorgefertigten Wandelementen im Rohbau

Im Hinblick auf die Beurteilung der Stabilität und des Erdbebenverhaltens des HIB–Systems war die Durchführung und Bewertung von geeigneten Bauteilversuchen nötig. Üblicherweise werden Wände bei derartigen Versuchen in einen Prüfrahmen eingespannt und kontrolliert eine Horizontallast entweder in einer Richtung parallel zur Wandebene (monoton) oder eine Horizontallast wiederholt in beiden Richtungen (zyklisch) parallel zur Wandebene aufgebracht. Die monotone oder zyklische Horizontallast wird bis zum Versagen der Wand gesteigert. Durch nicht praxisgerechten Einbau der Wand in der Prüfapparatur kann sich mit zunehmender horizontaler Verformung die Wand z.B. in der Apparatur verkanten, wodurch sich unrealistisch hohe horizontale Traglasten einstellen. Es galt, bei der Entwicklung der Prüfapparatur geeignete Mechanismen für die Befestigung der Prüfwand im Prüfrahmen sowie der kontrollierten Lastaufbringung zu finden, die eine möglichst realitätsnahe Einbausituation beim Versuch darstellen.

Weiterhin gibt es lediglich für die zyklische Beanspruchung von Holzverbindungen mit mechanischen Verbindungsmitteln normative Grundlagen (z.B. DIN EN 12512), die zyklische Beanspruchung von ganzen Wandscheiben ist nicht einheitlich geregelt. Somit besteht auch keine einheitliche Grundlage zur Ermittlung der maßgebenden Kennwerte von Wandbauteilen wie Höchstlast, aufnehmbare Verschiebung und daraus resultierend dem Verhalten der Wand im Erdbebenfall. Weder in Europa noch in Nordamerika existiert ein einheitliches Prüfverfahren zur Durchführung sowohl monotoner als auch zyklischer Versuche an Wandscheiben. Meist wird die Vorgehensweise bei der zyklischen Beanspruchung von Verbindungsmitteln auf das gesamte Wandbauteil übertragen.

Im Rahmen dieses Forschungsvorhabens wurde an der Versuchsanstalt für Stahl, Holz und Steine der Universität Karlsruhe eine Apparatur zur Prüfung ganzer Wandscheiben entwickelt. Die Wände sollten unter gleichzeitiger horizontaler sowie vertikaler Last unter möglichst realitätsnahen Bedingungen geprüft werden können. Die hierbei auftretenden Kräfte und Verformungen sollten erheblich größer sein als bei bekannten Prüfeinrichtungen. Der hierzu nötige Prüfrahmen sollte Wände mit 2,5 m Höhe und 3,0 m Länge fassen können, eine Erweiterung auf größere Abmessungen ohne aufwändige Umbauten möglich sein.

Die Untersuchungen wurden mit einem neu entwickelten Prüfverfahren durchgeführt, welches die Prüfung von ganzen Wandscheiben beinhaltet. Im Gegensatz zu den Prüfverfahren für die Prüfung von einzelnen Holzverbindungen werden im Prüfverfahren für ganze Wandscheiben Aussagen über den Einbau und die Lagerung der Wandscheiben in der Prüfapparatur getroffen, da diese Randbedingungen die Versuchsergebnisse wesentlich beeinflussen. Weiterhin wird ein einheitliches Belastungsprotokoll vorgeschlagen, bisher waren verschiedene Lastprotokolle üblich, was den Vergleich der Versuchsergebnisse erschwert.

2 Aussteifende Wände in Holzbauwerken

2.1 Allgemeines

Für Bauten in Erdbebengebieten werden die Eigenschaften von Wänden unter horizontalen Lasten geprüft. Bei der horizontalen Belastung eines Gebäudes werden die angreifenden Lasten auf die aussteifenden Wände weitergeleitet, diese werden somit einer Schub- bzw. Scherbeanspruchung ausgesetzt. Die Untersuchung und Verbesserung solcher scherbeanspruchter Wände („Shear Walls") umfasst einen wesentlichen Teil der Erdbebenforschung im Holzbau. Untersuchungen an Shear Walls liegen in großer Zahl vor.

Ein grundsätzlicher Vorteil von Holzhäusern unter Erdbebenbelastung liegt in der geringen Rohdichte des Werkstoffes Holz. Die „seismische Masse", welche bei einem Erdbeben zur Bewegung angeregt wird, ist gering. Weiterhin wird im Holzbau eine Vielzahl mechanischer Verbindungsmittel eingesetzt, deren Verhalten im Zusammenspiel mit den Eigenschaften von Holz und Holzwerkstoffen eine Vielzahl von positiven Aspekten mit sich bringt.

Entsprechend der Fähigkeit einer Konstruktion, Energie durch plastische Verformungsprozesse in Wärme- und Schallenergie umwandeln zu können („dissipieren"), erfolgt eine Zuordnung zu einer bestimmten „Duktilitätsklasse". Die Duktilität beschreibt die Eigenschaft eines Baustoffes oder auch eines Bauteiles, sich vor dem Versagen plastisch zu verformen. Für den Holzbau umfasst die Duktilitätsklasse 1 Tragwerke, die beim Bemessungserdbeben im elastischen Zustand bleiben sollen und keine nachgiebigen Verbindungen enthalten. In Duktilitätsklasse 2 sind Tragwerke einzuordnen, bei denen sich wenige, aber wirksame Bereiche mit stiftförmigen Verbindungsmitteln ausbilden. Duktilitätsklasse 3 schließlich umfasst Holzbauwerke, die über viele dissipative Bereiche verfügen und somit selbst starken Erschütterungen standhalten können.

Im Hinblick auf einen Einsatz in Erdbebengebieten und der damit verbundenen Markterweiterung der HIB-Elemente GmbH sollte die Wand nach ihrer Weiterentwicklung im Rahmen dieses Projektes der Duktilitätsklasse 3 zugeordnet werden können. Wände in Elementbauweise enthalten viele schlanke Verbindungsmittel, die eine Einordnung in die Duktilitätsklasse 3 ermöglichen dürften.

2.2 Die HIB-Elementbauweise

Die Besonderheit der HIB–Bauweise liegt in ihrem elementartigen Aufbau. Ähnlich dem konventionellen Mauerwerksbau werden einzelne „Steine" Schicht für Schicht aufeinander gestapelt und miteinander verbunden. Die Vorteile von handlichem Format der Einzelbausteine und geringem Gewicht des Werkstoffes Holz werden vereint.

Die vorgefertigten Holzelemente bestehen aus zwei parallelen Platten, in deren Mitte vertikale Stege angebracht sind. In den Hohlräumen zwischen den Stegen können sowohl die Dämmung als auch Installationen untergebracht werden. Das Grundelement mit der Länge ℓ = 1,0 m und der Höhe h = 0,5 m ist in Wanddicken von b = 160 mm, b = 240 mm oder b = 300 mm erhältlich. Die vertikal angeordneten Stege sind mit Schwalbenschwanznuten versehen, in welche schadstofffreie Spanplatten (der OSB-Platte ähnlich) beidseitig eingeschoben werden. Die Stege stehen nach oben 30 mm über das Element hinaus, dieser Überstand greift beim Zusammenstecken in das Element der nächsten Lage ein, ein erster Verbund der Elemente in horizontaler Richtung entsteht. Abschnitt 5.2.2 enthält eine genauere Beschreibung des Elementaufbaus.

Bild 2-1:   Vorgefertigter Wandbaustein (links), Blick in den Rohbau eines mit HIB-Elementen erstellten Gebäudes (rechts)

Die einzelnen Elemente der Wandscheibe werden wie beim dem Mauerwerksbau aufeinander gelegt, für den unteren und oberen Abschluss der Wände sind Schwellen bzw. Einbinder (auch: „Rähm") im System enthalten. Durch die Vorfertigung und die einfache Montage der Elemente wird eine schnelle und damit wirtschaftliche Bauausführung erreicht, bei der die Bauherren bereits in der Rohbauphase durch ihre Mithilfe („Muskelhypothek") einen hohen Anteil Eigenleistung erbringen können.

Eine allgemeine bauaufsichtliche Zulassung für die Verwendung des Systems bei bis zu dreigeschossigen Wohngebäuden und vergleichbar genutzten Gebäuden wurde im September 2007 erteilt.

2.3 Verhalten von Holzverbindungen unter Erdbeben- und Sturmlasten

Während bei kleineren Verschiebungen sowohl der Baustoff Holz als auch die verwendeten Verbindungsmittel linear-elastisches Verhalten zeigen, stellen sich bei größeren Verschiebungen plastische Verformungen im Holz sowie in den Verbindungsmitteln ein. Dieses plastische Verhalten wird als „Zähigkeit" oder „Duktilität" (von lat. ducere: ziehen, führen, leiten) bezeichnet. Duktilität ist die Eigenschaft eines Werkstoffes, vor seinem Versagen große Verformungen ertragen zu können. Das Versagen eines duktilen Bauteils wird nicht schlagartig, sondern langsam und unter „Ankündigung", also großen Verformungen erfolgen.

Holzbauteile sind durch das Zusammenwirken von Werkstoff und mechanischen Verbindungsmitteln sehr duktil. Sowohl das plastische Lochleibungsversagen unter den Verbindungsmitteln als auch das plastische Verhalten der Verbindungsmittel unter Biegebeanspruchung kommen dem gewünschten, zähen Versagen zugute.

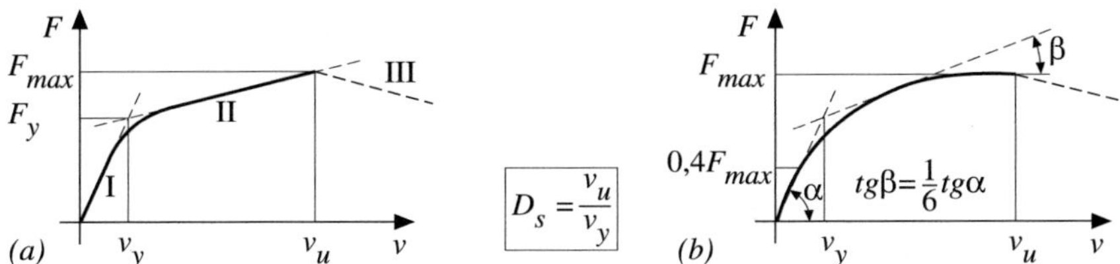

Bild 2-2:   Bestimmung der Zähigkeit unter statischer Beanspruchung bei unterschiedlichem Verlauf der Last-Verschiebungskurven (aus Ceccotti, 1995)

In Bild 2-2 ist das Verhalten einer Holzverbindung unter monoton ansteigender, statischer Belastung wiedergegeben. Fall (a) zeigt eine Last-Verschiebungskurve, welche mit zwei Geraden angenähert werden kann, Fall (b) eine vollständig nicht-lineare Last-Verschiebungskurve. Mit der Kenntnis der Maximalverschiebung v_u bei der Maximallast F_{max} sowie der sog. Fließverschiebung v_y kann die Zähigkeit z.B. mit

$$D_s = \frac{v_u}{v_y} \qquad (1)$$

angegeben werden.

Holzbauwerke in erdbebengefährdeten Gebieten müssen in der Lage sein, Beanspruchungen mit wechselnden Richtungen zu ertragen. Um vergleichbare Versuchsergebnisse zu erhalten, haben sich bei der Prüfung von Anschlüssen mit mechanischen Verbindungsmitteln Verfahren mit zyklischer Lastaufbringung bewährt, bei denen Holzverbindungen Belastungen mit wechselnden Richtungen ausgesetzt werden. Diese Prüfverfahren sollen die maßgeblichen Eigenschaften der Verbindung unter zyklischen Lasten liefern.

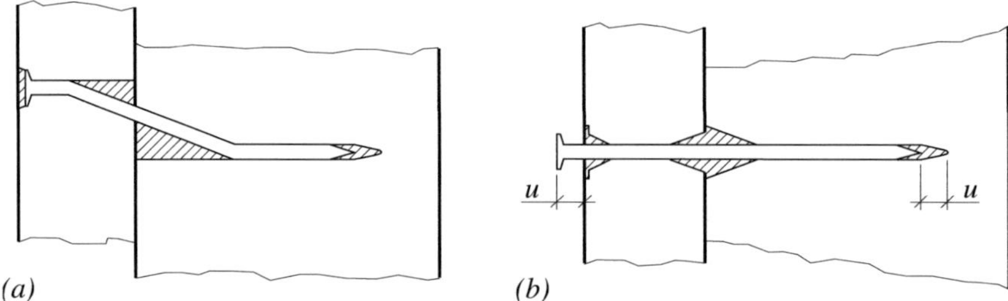

Bild 2-3:   Hohlräume in einer Nagelverbindung durch plastische Verformung aus zyklischer Belastung (aus Ceccotti, 1995)

Bei der Betrachtung einer Holzverbindung unter zyklischen Lasten kommt der Lochleibungsfestigkeit des Holzes sowie dem Fließmoment des mechanischen Verbindungsmittels entscheidende Bedeutung zu. Bei der Verschiebung einer Verbindung über die Elastizitätsgrenze hinaus wird das Holz unter dem Verbindungsmittel plastisch verformt, also in einer Richtung irreversibel zusammengepresst. Ebenso erreicht das Verbindungsmittel sein Fließmoment und wird in der Belastungsrichtung verformt.

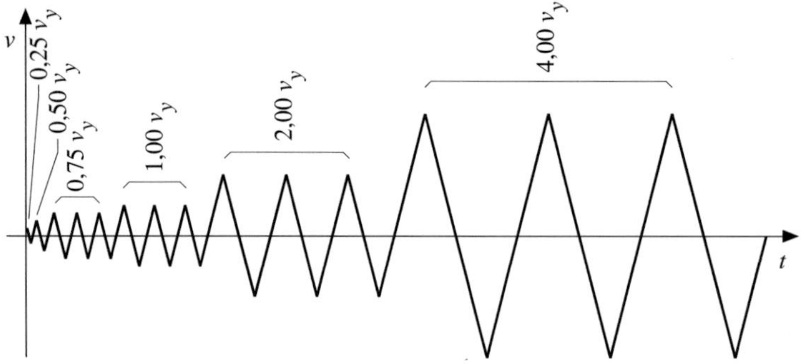

Bild 2-4:   Verfahren für die zyklische Prüfung nach DIN EN 12512

Bei der Belastung der Verbindung in der entgegen gesetzten Richtung muss zuerst die plastische Verformung des Verbindungsmittels zurück bis zum Ausgangszustand erfolgen, bevor das umgebende Holz in der anderen Richtung am Verbindungsmittel anliegt und die plastische Verformung in dieser Richtung beginnt.

Die Aufzeichnung eines Versuches unter einem zyklischen Belastungsschema (z.B. nach DIN EN 12512, siehe Bild 2-4) liefert ein Last-Verschiebungsdiagramm, welches sich durch die typische Form der gewonnenen Kurven, den sog. „Hystereseschleifen" auszeichnet. Abhängig von der erreichten Last zeigt die Hysteresekurve z.B. einer Stabdübelverbindung verschiedene Formen (Bild 2-5).

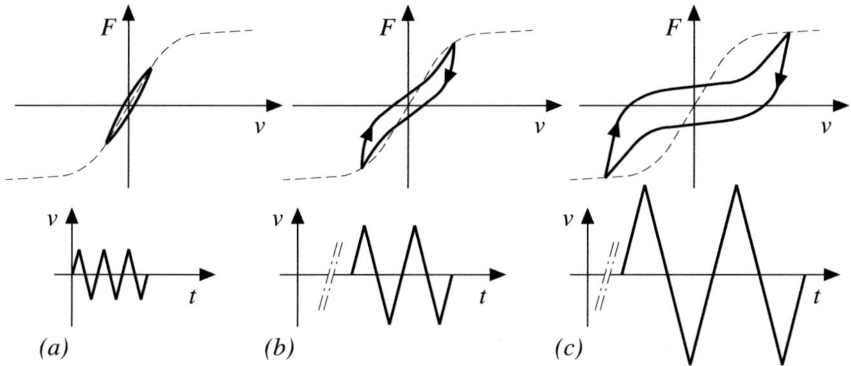

Bild 2-5:   Last-Verschiebungskurven (Hysteresen) von Stabdübelverbindungen bei unterschiedlichen Laststufen (aus Ceccotti, 1995)

Während in Bild 2-5 (a) die Hysterese aufgrund der geringen Verschiebung noch im linear-elastischen Bereich bleibt, ist in Bild 2-5 (b) und (c) deutlich nichtlineares Verhalten zu erkennen, welches den plastischen Verformungseigenschaften der Holzverbindung (plastisches Lochleibungsversagen, plastische Verformung des Stiftes) zuzuordnen ist. Für Holzverbindungen ebenfalls typisch ist die eingedrückte Form der Hystereseschleifen („pinching"): Während der Rückverformung des stiftförmigen Verbindungsmittels liegt kein Holz am Verbindungsmittel an, es wirkt während dieser Phase als Kragarm. „Pinching" wird extrem, wenn weder Widerstand durch anliegendes Holz noch durch die plastische Verformung des Stabdübels geleistet wird (Bild 2-6 b).

Bei Last-Verschiebungshysteresen mit großen Verformungen fällt auf, dass die maximale Last der Verbindung etwa derjenigen entspricht, die beim monotonen Versuch erreicht worden wäre; in Bild 2-5 und Bild 2-6 ist dies durch die gestrichelte Linie angedeutet.

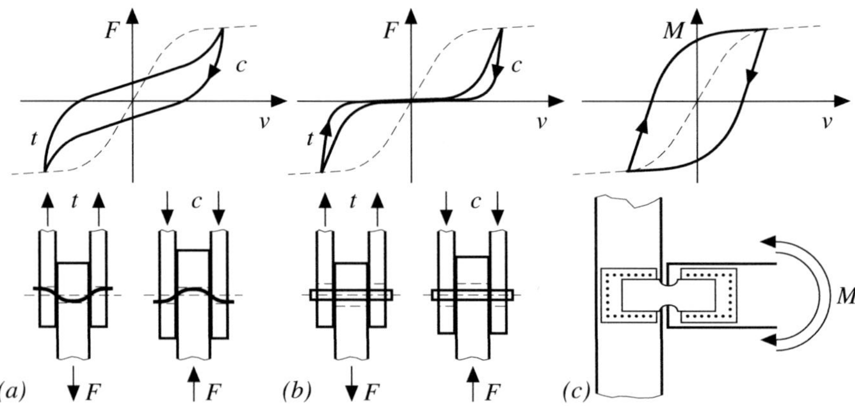

Bild 2-6: Holzverbindungen unter zyklischer Last: a) dünner Stabdübel;
b) gedrungener Stabdübel c) Stahlblech-Holz (aus Ceccotti, 1995)

Beim Durchlauf eines Schleifenzyklus schließt die Kurve eine Fläche ein; deren Inhalt ist ein Maß für die im Versuch dissipierte Energie. Bild 2-6 zeigt, dass die plastische Verformbarkeit des Stahles in der Verbindung die Form der Hystereseschleife und ihren Flächeninhalt wesentlich beeinflusst. Schlanke Verbindungsmittel, wie in Bild 2-6 (a) zu sehen, sind leicht verformbar und können bei wiederholter Belastung durch die Kragarmwirkung Energie dissipieren.

Gedrungene Verbindungsmittel, wie in Bild 2-6 (b) zu sehen, werden unter zyklischen Belastungen nur wenig oder gar nicht verformt, daher ist ihr Beitrag zur Energiedissipation gering. Die vollständige Eindrückung der Schleife kennzeichnet die Verschiebung des Verbindungsmittels ohne Widerstand, die Bereiche um den Stabdübel herum sind bereits irreversibel plastisch verformt und können keinen Widerstand mehr bieten. Bild 2-6 (c) zeigt nahezu ideal-plastisches Verhalten eines Stahlbleches in einer Verbindung zur Übertragung eines Moments. Das Verhalten einer Holzverbindung wird bei Verwendung von schlanken Verbindungsmitteln zwischen den beiden Extremen (b) und (c) liegen, bei der Konzeption von Verbindungen für wiederholte Lasten sollten daher schlanke Verbindungsmittel verwendet werden.

Die Energiedissipation eines Schleifendurchlaufs kann ausgedrückt werden als:

$$E_D = \int_\Omega F(u)\,du \qquad (2)$$

wobei

E_d = während eines Halbzyklus dissipierte Energie

$F(u)$ = Verlauf der Hysterese im Last-Verschiebungsdiagramm

Ω = Von der Last-Verschiebungskurve eingeschlossene Fläche

Die gesamte Energiedissipation eines Bauteils kann als kumulierte Energie-dissipation über eine Anzahl von Schleifendurchläufen aufgefasst werden:

$$E_{DK} = \sum_{i=1}^{n} E_{D,i} \qquad (3)$$

wobei

E_{DK} = Kumulierte Energiedissipation

n = Anzahl der Schleifendurchläufe

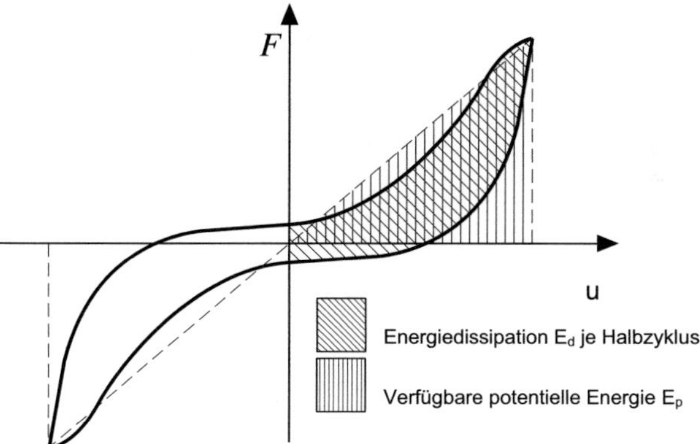

Bild 2-7: Definition von Energiedissipation und potentieller Energie

Um die Energiedissipation vergleichen zu können, wurde in DIN EN 12512 das äquivalente proportionale Dämpfungsverhältnis (in der Literatur auch: „äquivalentes viskoses hysteretisches Dämpfungsmaß") als beschreibender Parameter gewählt. Es handelt sich um einen dimensionslosen Parameter, der die Dämpfung durch die hysteretischen Eigenschaften der Verbindung ausdrückt. Es wird das Verhältnis der über einen Halbzyklus dissipierten Energie zur verfügbaren potentiellen Energie (multipliziert mit 2π) gebildet:

$$\nu_{eq} = \frac{E_d}{(2\pi\,E_p)} \qquad (4)$$

wobei

ν_{eq}	=	äquivalentes proportionales Dämpfungsverhältnis
E_d	=	Energiedissipation je Halbzyklus (Bild 2-7)
E_p	=	Verfügbare potentielle Energie (Bild 2-7)

Die gesamte Dissipation einer Wand setzt sich aus der Energiedissipation der einzelnen stiftförmigen Verbindungsmittel zusammen. Hinzu kommen Reibungseinflüsse, z.B. Reibung der Beplankung auf den Stielen oder Reibung der Füllung in den Wänden.

Die Form der Hystereseschleifen einer gesamten Konstruktion entspricht weitestgehend der Form der Schleifen, die sich für das verwendete Verbindungsmittel ergibt. Diese Eigenschaft von Holzbauteilen ist ein großer Vorteil bei der Versuchsdurchführung und der späteren Berechnung und Modellierung von Wänden. Ist das Verhalten des vorherrschenden Verbindungsmittels bekannt, können Rückschlüsse auf das Verhalten der ganzen Konstruktion gezogen werden.

Durch die bleibende Verformung des Holzes um das Verbindungsmittel herum kann beim zweiten Durchlauf der Schleife nicht mehr dieselbe Last wie beim ersten Durchlauf erreicht werden, der Wert beim dritten Durchlauf der Schleife ist nochmals geringer. Die Differenz der beim ersten und dritten Durchlauf erreichten Lasten, die sog. Festigkeitsminderung (Bild 2-8), ist ein Maß für die Dauerhaftigkeit der Verbindung.

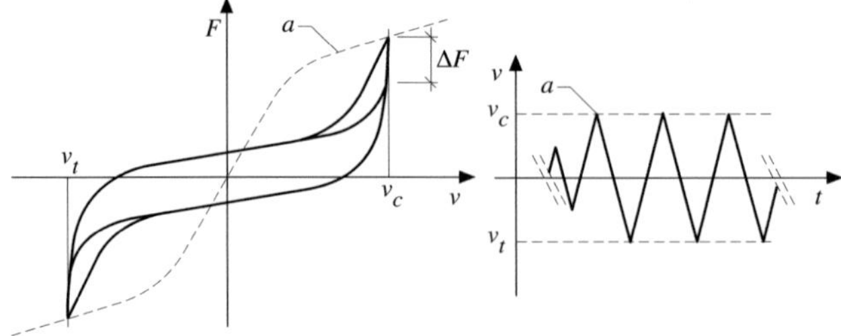

Bild 2-8:   Definition der Festigkeitsminderung

Die Verfahren mit zyklischer Lastaufbringung dienen der Vereinfachung des komplexen Belastungsmusters realer Beanspruchungen aus Erdbeben. Eine dynamische Beanspruchung ist wegen der hohen erforderlichen Leistung der Prüfmaschinen nur in Laboratorien mit spezieller Ausstattung durchführbar. Die relativ langsamen Prüfgeschwindigkeiten bei der zyklischen Lastaufbringung wurden gewählt, um mit üblichen Prüfmaschinen Untersuchungen durchführen zu können und die Ergebnisse vergleichbar zu machen.

3 Prüfung von Wänden in Holzbauweise

3.1 Untersuchungen an aussteifenden Wandscheiben - Kenntnisstand

Um die Vorgehensweise bei der Entwicklung der Prüfapparatur sowie bei der Durchführung der späteren Untersuchungen für den Leser nachvollziehbar darzustellen, soll hier eine kurze Einführung in das Themengebiet erfolgen. Nach Van de Lindt (2004) kann die Einteilung von Wandscheibenversuchen in drei Kategorien erfolgen: 1. Versuche an aussteifenden Wänden (Wood Shear Wall Testing), 2. Numerische Modellierung von aussteifenden Wänden (Modelling) und 3. Reliability Analysis (Zuverlässigkeitsberechnungen).

1. Versuche an aussteifenden Wänden, „Wood Shear Wall Testing"

Die an „Shear Walls" durchgeführten Untersuchungen befassen sich hauptsächlich mit dem Holztafelbau („Sheathing to Framing"). Einige neuere Untersuchungen befassen sich mit aussteifenden Wänden in verschiedenen Massivbauweisen („Cross-Laminated Wooden Panels"). Bei Holztafelbauwänden wurden im wesentlichen der Einfluss von Beplankungsdicke, Nagelgröße und -abstand, „Blocking" (Anordnung von Zwischenhölzern) sowie Anordnung der Beplankung untersucht. Weitere Untersuchungen befassen sich mit dem Einfluss von Fenster- und Türöffnungen, andere zielen auf die Bodenverankerung oder die Eckausbildung der Wände ab.

Der Aufbau einer Wand in HIB-Elementbauweise mit durchgehenden Stielen und beidseitiger Beplankung zeigt Ähnlichkeit mit dem Holztafelbau. Für die Entwicklung des Prüfrahmens konnten einige wichtige Aufschlüsse anhand von Versuchen mit der Holztafelbauweise gewonnen werden.

2. Numerische Modellierung von aussteifenden Wänden, „Modelling"

Die numerische Modellierung von aussteifenden Wänden ist Gegenstand zahlreicher weiterer Untersuchungen. Bei der numerischen Modellierung werden die Steifigkeits- und Verformungseigenschaften mathematisch abgebildet sowie die hysteretischen Eigenschaften der Wand erfasst. Modelle für diese Fragestellungen wurden gesichtet und deren Grundideen untersucht. Die im Laufe dieser Forschungsarbeit durchgeführten Versuche sollen alle notwendigen Daten für eine spätere numerische Modellierung bereitstellen.

3. Reliability Analysis, Zuverlässigkeitsberechnungen

Holzbauwerke unter Erdbebenlasten werden entsprechend ihrer hysteretischen Dissipationsfähigkeit in drei Duktilitätsklassen eingeteilt. Ziel von Zuverlässigkeits- berechnungen ist es, mit Hilfe von Versuchen oder numerischer Simulation die

Versagenswahrscheinlichkeit eines Tragwerkes einer bestimmten Duktilitätsklasse unter einer bestimmten Erdbebenlast zu ermitteln. Hierbei werden die Bodenbeschleunigungen oder Materialeigenschaften variiert und die Antwort des Tragwerks ermittelt.

Zuverlässigkeitsberechnungen sind nicht Gegenstand dieses Forschungsvorhabens. Mit den Versuchsdaten und einem numerischen Modell können jedoch in der Folge Zuverlässigkeitsberechnungen durchgeführt werden.

Aufgrund der Besonderheiten der HIB-Bauweise können keine direkten Erkenntnisse aus bereits vorhandenen Untersuchungen gewonnen werden. Da die Elementbauweise die gleichen Einsatzbereiche wie der konventionelle Holztafelbau abdecken soll, ist ein Vergleich mit Erkenntnissen und Versuchsergebnissen aus dem Holztafelbau sinnvoll.

3.2   Prüfverfahren für Wände - Kenntnisstand und Entwicklung

Die aufnehmbare Höchstlast sowie die Steifigkeitseigenschaften bei Belastung parallel zur Wandebene und das Erdbebenverhalten von aussteifenden Wänden in Holzbauweise kann letztlich nur mit Hilfe von Bauteilversuchen bestimmt werden. Wie schon im Abschnitt 1 erwähnt, existiert derzeit kein einheitliches Prüfverfahren für Bauteilversuche an ganzen Wandscheiben. Es sind verschiedene Prüfverfahren zur Bestimmung der Festigkeits- und Steifigkeitseigenschaften mit einseitig-monotoner Lastaufbringung bekannt. Ein Prüfverfahren für Wandscheiben, welches auch die Eigenschaften des Bauteils unter Erdbeben- und Sturmlasten erfassen kann, muss jedoch auch die Prüfung von Wandscheiben unter nachgestellten Erdbebenlasten umfassen. Der hierfür üblicherweise verwendeten wiederholt-zyklischen Prüfung von Holzverbindungen oder ganzen Wandbauteilen liegt ein Belastungsprotokoll zugrunde. Dieses beschreibt in Abhängigkeit von a) Amplitude der Verschiebung b) Geschwindigkeit der Verschiebung c) Anzahl der Wiederholungen bestimmter Verschiebungsstufen sowie d) Steigerung der Verschiebung zwischen den einzelnen Verschiebungsstufen das Verhalten des Prüfkörpers und liefert damit die gewünschten Ergebnisse.

Die Erarbeitung eines einheitlichen Prüfverfahrens, welches sowohl die monotone als auch die zyklische Versuchsdurchführung an Wänden in Holzbauweise beinhaltet, ist bis dato Gegenstand vieler Diskussionen. Bis heute gelang es allerdings nicht, sich international auf ein einheitliches Prüfverfahren zu einigen.

Gründe hierfür sind einerseits die unterschiedlichen Ziele, die mit statisch-monotonen Versuchen erreicht werden sollen. Während einige Prüfvorschriften das Verhalten des gesamten Bauteils während einer Einwirkung prüfen, soll bei anderen

Prüfvorschriften gezielt das Schubverhalten der Beplankung (möglichst isoliert) betrachtet werden.

Die Schwierigkeiten, ein einheitliches Belastungsprotokoll für zyklische Versuche zu finden, liegen vor allem in der unterschiedlichen Intensität von Erdbeben, die vom Ort des Bebens abhängt. Wie bereits in Abschnitt 2.3 erläutert, werden die Vorteile von Holzbauten erst dann deutlich, wenn die Verbindungsmittel plastisch verformt werden. Das Festlegen einer genauen Grenze, die den Übergang vom elastischen in den plastischen Zustand beschreibt, ist schwierig für die vielen denkbaren Holzverbindungen. Da zyklische Versuche sowohl Versuchsdaten für das elastische sowie das plastische Verhalten einer Holzverbindung zur Verfügung stellen sollen, muss ein Kriterium zur Bestimmung der Verschiebungswerte für die zyklische Lastaufbringung geschaffen werden. Dies kann die sog. Fließverschiebung oder auch eine Maximalverschiebung der Verbindung sein.

Ein einheitliches Prüfverfahren, das in Europa, Asien und in Nordamerika verwendet werden kann, wurde mit Herausgabe des Vorentwurfes ISO/CD 21581 (International Standards Organisation / Committee Draft) vorgestellt. In ISO/CD 21581 finden ein Verfahren zur monotonen sowie ein Verfahren zur zyklischen Lastaufbringung Eingang, die in den folgenden Abschnitten erläutert werden sollen. Das gesamte Prüfverfahren ist in Abschnitt 3.3 erläutert.

3.2.1 Prüfverfahren mit monotoner Belastung

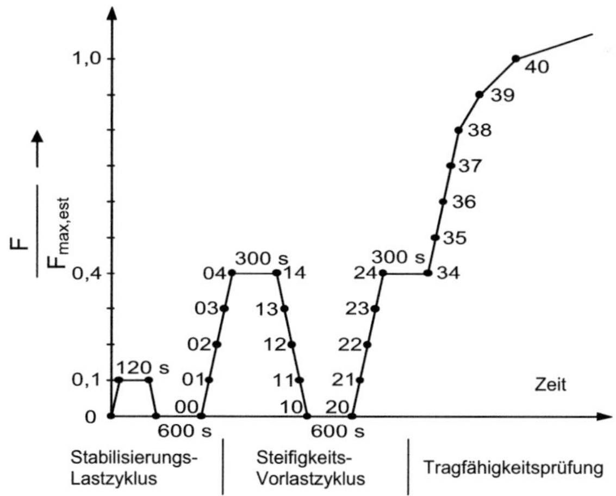

Bild 3-1: Prüfverfahren der monotonen Lastaufbringung nach DIN EN 594

Das in ISO/CD 21581 beschriebene Prüfverfahren mit monoton ansteigender Belastung ist der DIN EN 594 („Wandscheiben-Tragfähigkeit und -Steifigkeit von Wänden in Holztafelbauart") entnommen. Das Verfahren nach DIN EN 594 wurde zur Ermittlung der Steifigkeitseigenschaften von Beplankungswerkstoffen entwickelt, der Versuchssaufbau kann durch lediglich geringfügige Änderungen jedoch für die Prüfung von ganzen Wandscheiben verwendet werden: Die Befestigung der Tafel soll laut DIN EN 594 über ein oberes und unteres Zulageholz an Fußpunkt bzw. Lastverteiler erfolgen, um eine ungehinderte Verdrehung der Beplankung sicher zu stellen. Werden diese Zulagehölzer weggelassen, wird die natürliche Einbau-situation der Wand erreicht, bei der sich die Beplankung bei Verdrehung auf dem Boden aufstellen kann. Das Vorzugsmaß für die Wandscheibenprüfung von 2,4 x 2,4 m hat die Standardmaße von Beplankungswerkstoffen in Nordamerika von 1,2 x 2,4 m zum Hintergrund. In Europa ist das Standardmaß für Beplankungs-werkstoffe 1,25 x 2,5 m und somit die Abmessungen der Wandscheibe bei Verwendung von zwei Beplankungsplatten 2,5 x 2,5 m.

Vor der Lastaufbringung nach EN 594 wird die Tragfähigkeit der Wandscheibe geschätzt. Ausgehend von dieser Schätzlast $F_{max,est}$ wird die Last in einem Stabilisierungs-Lastzyklus auf einen Betrag von 0,1 $F_{max,est}$ gesteigert und die Last 120 s gehalten. Der Prüfkörper wird im Anschluss entlastet und so 600 s gehalten. Die Entlastungszeit kann ± 300 s verlängert bzw. verkürzt werden. Für die späteren Versuche wurde eine Haltezeit von 300 s in dieser Position gewählt. Nach der Haltezeit beginnt der Steifigkeits-Vorlastzyklus mit einer Steigerung der aufge-brachten Last bis zu einem Betrag von 0,4 $F_{max,est}$. Die Last wird in dieser Position 300 s gehalten, bevor wieder entlastet wird. Die Entlastung wird wiederum 600 s ± 300 s (gewählt wurden 300 s) gehalten. Die eigentliche Tragfähigkeitsprüfung beginnt mit einer Laststeigerung auf den Betrag von 0,4 $F_{max,est}$, wobei diese Last nochmals 300 s gehalten wird. Die Laststeigerung bis zum Bruch soll ausgehend vom letzten Haltepunkt so erfolgen, dass das Versagen des Prüfkörpers in 300 s ± 120 s erreicht wird.

3.2.2   Prüfverfahren mit zyklischer Belastung

Das Prüfverfahren in ISO/CD 21581 für die zyklische Belastung ganzer Wandscheiben, ist der ISO 16670 („Timber structures – Joints made with mechanical fasteners – Quasi-static reversed-cyclic test method") entnommen. Es handelt sich um ein verschiebungsgesteuertes Verfahren, welches aus zwei Teilen aufgebaut ist. Im ersten Teil werden fünf einzelne Verschiebungsstufen durchfahren, deren Verschiebung 1,25 % bis 10 % der maximalen Verschiebung u_{max} aus einem monotonen Vorversuch beträgt. Die Verschiebungsgröße wird in

ISO/CD 21581 als „v_{max}" bezeichnet. Um bei der späteren Auswertung der äquivalenten hysteretischen Dämpfung, welche mit „v_{ed}" bezeichnet wird, keine Verwirrung zu erzeugen, wird die Verschiebung in diesem Bericht mit „u" bezeichnet. Der zweite Teil des Protokolls besteht aus „Phasen", welche aus jeweils drei vollständig durchfahrenen Zyklen gleicher Amplitude bestehen. Beginnend mit 20 % der maximalen Verschiebung u_{max} werden die Amplituden der Zyklen dann um jeweils 20 % der maximalen Verschiebung erhöht, bis das Versagen des Prüfkörpers eintritt.

Hier sei angemerkt, dass ISO/CD 21581 bewusst auf die Hilfsgröße „Fließverschiebung" verzichtet, um die in Abschnitt 3.2 beschriebenen Schwierigkeiten zu umgehen. Das Prüfverfahren soll für ganze Wandscheiben anwendbar sein; die große Anzahl der auf dem Markt erhältlichen Systeme mit verschiedenen Verbindungsmitteln, Beplankungen, Rastermaßen und Anordnung der Fundamentbefestigungen macht die Festlegung eines einheitlichen Verfahrens zur Ermittlung der Fließverschiebung schwierig. In ISO/CD 21581 wird die maximal aufnehmbare Verschiebung eines Bauteils als Bestimmungsgröße für die Festlegung der zyklischen Verschiebungsgrößen verwendet. Die maximal aufnehmbare Verschiebung u_{max} ist definiert als entweder a) die Verschiebung beim Bruch oder b) die Verschiebung nach Überschreiten der Maximallast, abgelesen bei 0,8 F_{max} oder c) die Verschiebung bei einem weiteren Ansteigen der Last-Verschiebungskurve bei einem Wert von H/15 (H = Höhe der Wandscheibe). Durch diese einfachen Festlegungen können die Verschiebungsstufen für das zyklische Lastprotokoll leicht errechnet werden.

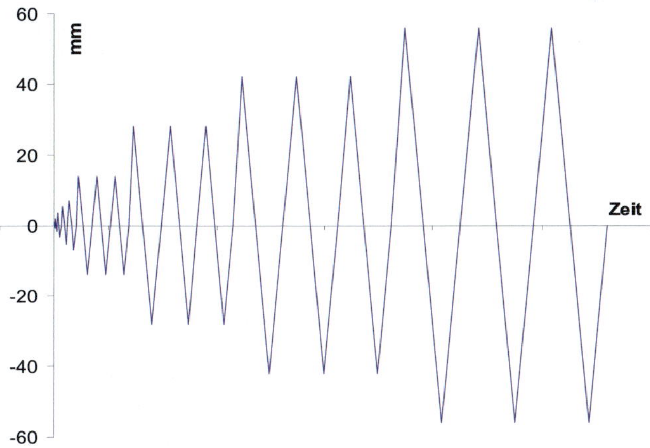

Bild 3-2:   Zyklisches Belastungsprotokoll nach ISO 16670 bzw. ISO/CD 21581

Tabelle 1:   Berechnung der Amplituden für das zyklische Belastungsprotokoll

Schritt	Anzahl der Zyklen	Amplitude
1	1	1,25 % von u_{max}
2	1	2,5 % von u_{max}
3	1	5 % von u_{max}
4	1	7,5 % von u_{max}
5	1	10 % von u_{max}
6	3	20 % von u_{max}
7	3	40 % von u_{max}
8	3	60 % von u_{max}
9	3	80 % von u_{max}
10	3	100 % von u_{max}
11	3	Erhöhung um je 20 % von u_{max}

Die ersten Amplituden des Protokolls mit kleinen Verschiebungswerten und einmaliger Wiederholung liefern Erkenntnisse über das Verhalten des Prüfkörpers im linear-elastischen Bereich. Je nach Verhalten des Prüfkörpers können weitere Zyklen nach Ermessen hinzugenommen oder weggelassen werden, um den Übergang vom elastischen in den plastischen Bereich bestmöglich zu erfassen.

3.3   Prüfverfahren ISO/CD 21581

Die in Abschnitt 3.2.1 und in Abschnitt 3.2.2 beschriebenen Verfahren zur Durchführung von Versuchen an aussteifenden Wandscheiben bzw. an Holzverbindungen stellen die Grundlage für die von der International Standards Organisation (ISO) herausgegebene (Vor-) Norm 21581 dar. Momentan ist lediglich der Vorentwurf (Committee Draft, CD) für Forschungszwecke bzw. zum Kommentar durch Experten erschienen.

Die ISO/CD 21581 ist bis heute der einzige Normentwurf, der ein vollständiges Prüfverfahren für Wandscheiben, also sowohl den statisch-monotonen Versuch als auch den wiederholt-zyklischen Versuch beschreibt. In den vorhergehenden Abschnitten wurden die Schwierigkeiten bei der Einigung auf ein einheitliches Prüfverfahren angedeutet. Internationale Gremien beraten seit einiger Zeit über ein Prüfverfahren, welches weltweit ohne besondere Modifikationen angewendet werden kann. Zu Beginn des Forschungsvorhabens sollte begleitend zur Entwicklung der Prüfapparatur ein neues Prüfverfahren entwickelt werden. Nach intensiver Studie der Hintergründe sowie dem Erscheinen der ISO/CD 21581 zu einem für das Projekt günstigen Zeitpunkt, wurde von der Entwicklung eines eigenen, neuen Prüfverfahrens Abstand genommen. Es wäre nicht sinnvoll, mit neuen Prüfverfahren zusätzliche Diskussion zu erzeugen. Da es sich bei der HIB-Bauweise zudem um ein in dieser Hinsicht prüftechnisch noch nicht erfasstes Produkt handelt, erschien es sinnvoller, die Versuche mit (teilweise) bekannten Prüfmethoden durchzuführen.

3.4   Randbedingungen bei Wandscheibenversuchen

Prüfverfahren an Wandscheiben können unterschiedliche Ziele haben. Zum Beispiel kann die Ermittlung der Eigenschaften der Beplankung Versuchsziel sein. Wie bereits in Abschnitt 3.2.1 beschrieben soll hier die freie Verdrehung der Tafelbeplankung sichergestellt werden. Sowohl auf der Schwelle wie auch am Obergurt sind hierzu Zulagehölzer anzubringen, die zusätzlichen Platz schaffen, so dass die Tafel bei einer Verdrehung nicht auf der Schwelle aufsteht oder am Lasteinleiter anliegt. Es wird also nur ein Teilbereich der Wand intensiv untersucht, die restlichen Bestandteile der Wand sowie deren Verhalten spielen untergeordnete Rollen.

Solche Versuche können auch mit liegenden Wandscheiben durchgeführt werden. Im Gebäude vorhandene ständige Lasten oder Nutzlasten können bei dieser Versuchsanordnung allerdings nur schwer berücksichtigt werden. Meist werden die Schwellen, Einbinder (Rähme) und Stiele mit Gewindestangen vorgespannt, um eine Auflast zu simulieren. Vergleichsweise hohe Auflasten führen naturgemäß zu einem günstigen Verhalten der Wand, da die abhebenden Kräfte durch die Auflast „überdrückt", also vermindert, werden und somit die horizontale Tragfähigkeit der geprüften Wand ansteigt.

Daher haben die Art und Weise der Lastaufbringung sowie die Befestigung des Prüfkörpers in der Prüfapparatur großen Einfluss auf die Ergebnisse der Prüfungen. Die Forderung nach realitätsnaher Prüfung führte in den letzen Jahren zu vielen Diskussionen, die sich mit der korrekten Befestigung des Prüfkörpers in der Prüfapparatur sowie mit der Vorgehensweise bei der vertikalen und horizontalen Lastaufbringung befassten.

Die Wahl dieser „Randbedingungen" der Prüfung sind den Prüfinstituten weitgehend freigestellt. Vor allem die Art der Aufbringung der vertikalen Lasten sowie deren Größe beeinflussen jedoch die Versuchsergebnisse stark.

Nach Dujic et al. (2005) (Bild 3-3) können im wesentlichen drei Beanspruchungs-mechanismen im Holzbau unterschieden werden. Dujic et al. führten zur Klärung der „richtigen" Lagerung der Wandscheiben umfangreiche Untersuchungen an Wandscheiben durch.

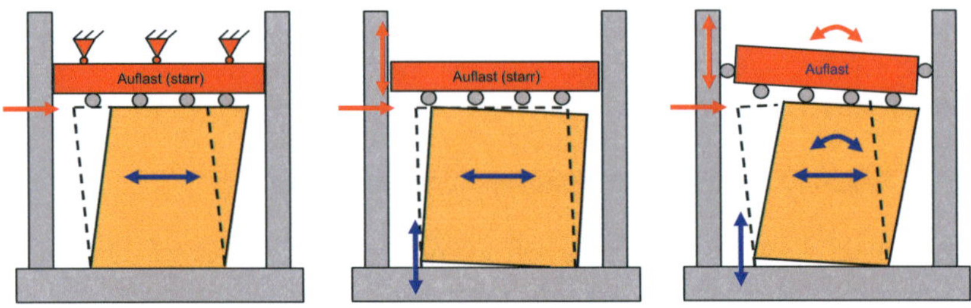

Bild 3-3:   Lagerungsbedingungen nach Dujic et al. (2005) a) Shear Wall Mechanism, b) Restricted Rocking Mechanism, c) Shear Cantilever Mechanism

Bei diesen Versuchen wurden verschiedene Arten der Einspannung erzeugt. Bild 3-3 a) zeigt die Auflast ohne Möglichkeit der vertikalen Verschiebung und ohne Möglichkeit der Rotation (= starre Einspannung, „Shear Wall Mechanism", Scher-mechanismus). Die abhebenden Kräfte an der Wand werden bei einer horizontalen Verschiebung vom Rahmen abgefangen, durch die starre Einspannung der Wand in der Prüfapparatur werden unrealistisch hohe Traglasten in horizontaler Richtung erzeugt. Diese Randbedingung ist lediglich bei einer Ausfachung eines starren Rahmens mit einem Holzbauteil denkbar, in solchen Fällen wird jedoch der Rahmen auch die von außen aufgebrachten Einwirkungen abfangen. Der Scher-mechanismus als Versagensbild wird dieser Versuchswand vorgegeben, dies ist selbst bei leichten Holzbauweisen nicht zu erwarten.

Bild 3-3 b) zeigt die Auflast mit Möglichkeit der vertikalen Verschiebung aber ohne Möglichkeit der Rotation (= starre Auflast, „Eingeschränkter Kipp-Mechanismus", Restricted Rocking Mechanism). Bei einer Kipp-Bewegung der Wand können die abhebenden Kräfte die Auflast nach oben drücken. Kipp-Bewegungen der Wand können bei unzureichender Bodenverankerung der Wand auftreten, wenn die Schubtragfähigkeit also größer ist als die Tragfähigkeit der Verbindung von Wand zu Fundament. Dieser Mechanismus kann dort auftreten, wo geringe Auflasten die Wand beanspruchen, z.B. Erdgeschosswände von einstöckigen Wohngebäuden.

Bild 3-3 c) zeigt die Auflast mit Möglichkeit der vertikalen Verschiebung und mit Möglichkeit der Rotation (= bewegliche Auflast, „Shear Cantilever Mechanism", Kipp-Mechanismus). Dieser Mechanismus tritt z.B. dort auf, wo leichte Dachaufbauten die Wand belasten. Leichte Dächer werden bei der Bewegung der

Wand die Rotation kaum einschränken, die Vertikalkräfte bleiben konstant. Bei der Versuchsdurchführung ergeben sich für den Kipp – Mechanismus (c) die geringsten Traglasten; diese Lagerungsart wird daher für die Durchführung von Versuchen empfohlen. Dies stellt damit die konservative Annahme für die Tragfähigkeit dar und ist in der Realität die am häufigsten anzutreffende Randbedingung, da der überwiegende Anteil der Holzhäuser ein bis zwei Stockwerke hat und die Auflasten auf die aussteifenden Wände gering sind.

Weiterhin zählt auch die Bodenbefestigung zu den Randbedingungen. Die Bodenbefestigung sollte sich an der späteren Einbausituation orientieren. Es ist wenig sinnvoll, bei Materialprüfungen mit leichten Holztafelbauwänden die Schwelle kontinuierlich auf dem Prüfrahmen zu verdübeln, wenn in der Praxis lediglich in jedem dritten Feld ein Betonanker gesetzt wird. Ebenso wenig ist es sinnvoll, die Wand mit selbst angefertigten, hoch belastbaren Fundamentwinkeln auf der Apparatur zu befestigen, wo in der Praxis auf handelsübliche Befestigungssysteme zurückgegriffen wird.

Während die realitätsnahe Fundamentbefestigung einer Wandscheibe im Labor noch vergleichsweise einfach zu realisieren ist, stellt die Lastaufbringung nach Art des vorher beschriebenen „Shear Cantilever Mechanisms" eine größere Schwierigkeit dar. Es wurden im Laufe der Entwicklung der Karlsruher Apparatur eine Reihe von bestehenden Prüfrahmen gesichtet und die verschiedenen Möglichkeiten der korrekten Aufbringung der Auflast gegeneinander abgewogen.

3.5   Entwicklung des Karlsruher Prüfstandes

3.5.1   Grundlegender Aufbau des neuen Prüfstandes

Der Wandscheiben-Prüfstand sollte aufgrund der Platzverhältnisse nicht separat aufgebaut werden, sondern in eine bereits bestehende 4 x 400 kN Zylinderprüfmaschine integriert werden. Es ergibt sich der zusätzliche Vorteil, dass für das Aufbringen der vertikalen Lasten auf die vorhandene Prüfvorrichtung zurückgegriffen werden kann.

Die vorhandene 4 x 400 kN Prüfmaschine leistet in ihrer bestehenden Form gute Dienste, viele Prüfungen können standardisiert ablaufen. Es wurde daher darauf Wert gelegt, die vorhandene Prüfmaschine möglichst wenig abzuändern. In baulicher Hinsicht sollten nur die zusätzlich erforderlichen Stahlprofile hinzukommen, an der Steuerungs- und Regelungstechnik sollten ebenfalls keine Eingriffe vorgenommen werden. Aufwändige technische Eingriffe sowie Programmierarbeiten an der bestehenden Anlage sollten vermieden werden.

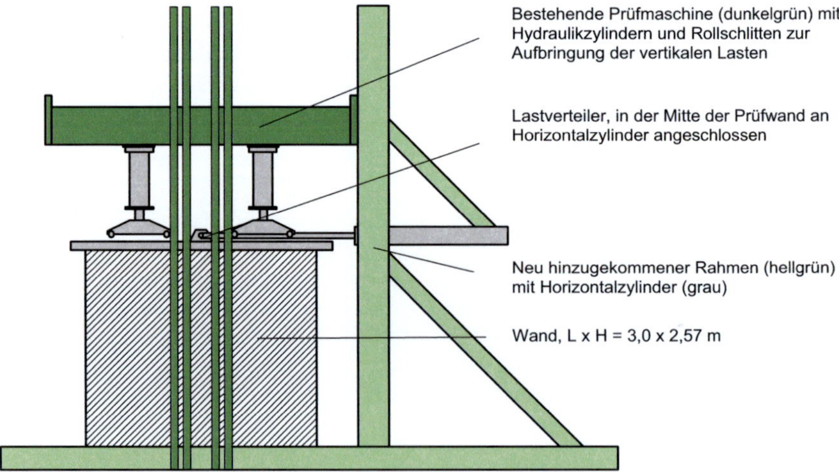

Bild 3-4:   Schematischer Aufbau des Wandprüfstandes

Wie die Versuche in der Praxis zeigten, können die beschriebenen Randbedingungen durch kraft- bzw. weggeregeltes Steuern der vertikalen Prüfzylinder problemlos erzeugt werden. Die bestehende Prüfmaschine hat den Vorteil, dass die Zylinder in Reihe geschaltet werden können, d.h. der Öldruck im gesamten Kreislauf konstant gehalten werden kann. Beim Abheben der Versuchswand an einem Ende wird der entsprechende Zylinder eingedrückt, da dieser das vorgegebene Auflast-niveau halten soll. Der andere Zylinder fährt gleichzeitig aus, auf diese Weise wird die vorgegebene Streckenlast konstant gehalten und die vorher beschriebene Bewegung der Versuchswand ermöglicht. Die Kraft pro Zylinder sowie deren Verschiebung wird während des Versuchs aufgezeichnet. Die Auswertung zeigte lediglich geringe Abweichungen vom vorgegebenen Lastniveau.

Um die Hydraulikanlage der bestehenden Prüfmaschine nicht verändern zu müssen, wurde zum Betrieb des neuen Horizontalkolbens ein zusätzliches Hydraulikaggregat angeschafft. Ein separates Aggregat hat weiterhin den Vorteil, dass das System nicht ortsgebunden ist, bei zukünftigen Prüfaufbauten können Aggregat und Zylinder zum Ort des Versuchs transportiert werden.

Die Prüfapparatur soll universell einsetzbar sein; sämtliche im Holzbau vor-kommenden Wandbauweisen sollen prüfbar sein. Es sind leichte Wandbauweisen mit neuartigen Beplankungsmaterialien, z.B. Holzfaserdämmplatten denkbar, die vergleichsweise geringe Kräfte bei großen Verformungen aufnehmen und deren Versagen duktil erfolgt. Aber auch moderne Massivholzbauweisen, die hohe Kräfte bei kleinen Verformungen aufnehmen und deren Versagen spröde erfolgen kann, sollen geprüft werden können.

Bild 3-5:   Prüfrahmen mit eingebauter HIB-Wandscheibe

Für die horizontale Lastaufbringung wurde ein 400 kN-Hydraulikzylinder gewählt, um die hohen Kräfte für die Prüfung von Massivholzbauweisen aufbringen zu können. Der Zylinder wurde mit einem Fahrweg von 600 mm ausgestattet, um bei zyklischer Belastung ± 300 mm bewältigen zu können, was auch bei duktilen Bauweisen ausreichend ist.

3.5.2 Bauteile für Einspannung und Kraftaufbringung

Die Auflast mit Möglichkeit der vertikalen Verschiebung und mit Möglichkeit der Rotation nach Bild 3-3 c) führte zu der Überlegung, dass der Angriffspunkt der horizontalen Last nicht an der oberen Ecke der Versuchswand liegen sollte, sondern möglichst in der Mitte der Wand. Bei der Lasteinleitung über die Ecke der Wand könnten eventuelle Schiefstellungen des Kolbens die Rotation der Wand einschränken, weiterhin würde die Lasteinleitung unsymmetrisch durch ein stark beanspruchtes Gelenk an der oberen Ecke erfolgen.

Bild 3-6:   Lastverteiler

Der Lasteinleiter am oberen Abschluss der Wand (Bild 3-6) wird mit schräg eingebrachten Schrauben befestigt. Deren Abstand beträgt parallel zur Wandachse 40 mm, rechtwinklig zur Wandachse 50 mm. Planmäßig sind Schrauben mit einem Durchmesser d = 6 mm vorgesehen, deren Länge je nach den erwarteten Lasten variiert werden kann. Maximal können 200 Schrauben eingedreht werden, was auch die Einleitung hoher Horizontallasten ermöglicht. Die Schrauben sind schräg versetzt angeordnet, jeweils eine Schraubenreihe ist in einem Winkel von +45°, die andere Reihe in einem Winkel von -45° zur Horizontalen angeordnet. Hierdurch wird die Verbindung sehr steif. Verschiedene Messungen im Laufe der Versuche ergaben Verschiebungen von ca. 0,1 mm bei Lasten von bis zu 100 kN. Diese

Verschiebungen sind vernachlässigbar. Die Schraubenköpfe sind im Blech versenkt, um das problemlose Abrollen der Schlitten zu ermöglichen.

Der Lastverteiler hat eine Breite von 290 mm bei einer Länge von 3200 mm. Die Blechdicke beträgt 20 mm, um die Schraubenköpfe versenken zu können. Allerdings ergibt sich so ein Gewicht von ca. 170 kg für den Lastverteiler, dieses Gewicht addiert sich später zum anteiligen Gewicht des Kolbens und der Verlängerungen. Das Eigengewicht des Lastverteilers und der Befestigungsstangen muss bei der Versuchsdurchführung als bereits vorhandene Auflast berücksichtigt werden.

Die Übertragung der vertikalen Kräfte vom Kolben auf den Lastverteiler erfolgt über die Rollschlitten. Jeweils vier Schwerlastrollen wurden zu einer Einheit zusammen-gefasst, welche auf ihrer Oberseite eine gerundete Lastplatte für die Kolben trägt. So können Schiefstellungen des Lastverteilers oder schräg gestellte Rähme der Wandscheiben ausgeglichen werden. Durch kugelgelagerte Rollen wurden die Reibungseinflüsse der Rollschlitten minimiert.

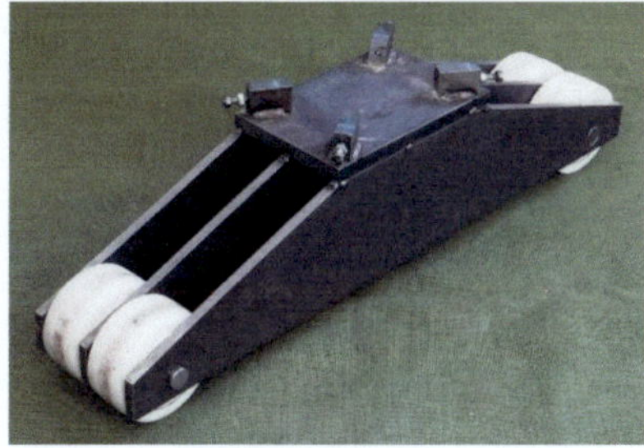

Bild 3-7: Rollschlitten

4 Vorversuche an kleinformatigen Prüfkörpern

4.1 Hintergrund der Vorversuche

Bei HIB-Elementen älterer Bauart wurde nur eine Seite des Elementes mit einer steifen Holzwerkstoffplatte (Spanplatte Livingboard) beplankt, während die andere Seite des Elementes mit Bretterlagen versehen war. Die geringe Schubsteifigkeit der Bretterseite führte in den vorangegangenen Versuchen teilweise zu großen Schubverformungen einzelner Elemente (Bild 4-1).

Die Elemente neuer Bauart sind beidseitig mit Spanplatten beplankt. Dies führt zu einer wesentlich höheren Schubsteifigkeit des gesamten Elementes, auch sind die Steifigkeiten der beiden Beplankungsseiten damit nahezu gleich. Das Versagen wie in Bild 4-1 dargestellt wird damit ausgeschlossen. Die Schubsteifigkeit und –tragfähigkeit der Elemente soll daher nicht näher betrachtet werden.

Weiterhin schloss bei Elementen älterer Bauart der Steg bündig mit der Oberkante des Elementes ab. Die Verbindung der Elemente erfolgte durch die in den Plattenüberständen angeordneten Klammern. Zur zusätzlichen Kraftübertragung wurden in den Stegen eingenutete Buchen- bzw. Aluminiumleisten herangezogen, welche allerdings nur unwesentlichen Zuwachs der Traglast brachten. Aus der unzureichenden Kraftübertragung in der Fuge resultiert der Versagensmechanismus in Bild 4-2, das Gleiten der Lagerfuge.

Bild 4-1:   Schubverformungen von HIB – Elementen bei Versuchen 2006

Bei den überarbeiteten Elementen der neuer Bauart ist ein Stegüberstand an der Elementoberkante von 30 mm vorhanden. Dieser Überstand greift mit der eingefrästen Schwalbenschwanzgeometrie in das jeweils darüber liegende Element ein und stellt so eine erste Verbindung zwischen den beiden Elementen her. Die zusätzlich eingebrachten Klammern in der Elementfuge verbessern diese

Verbindung. Trotz dieser deutlichen Verbesserung wurde davon ausgegangen, dass die Elementfuge für die Trag- und Verformungseigenschaften der Wand eine zentrale Rolle spielt. In den Vorversuchen sollten daher die Eigenschaften der Elementfuge genauer untersucht werden.

Bild 4-2:   Gleiten der Lagerfuge bei Versuchen 2006

Im April 2007 wurden die ersten Versuche zur Untersuchung der Eigenschaften der Elementfuge durchgeführt. Folgende Fragestellungen wurden untersucht:

- Welche maximalen Lasten und Verschiebungen pro Meter Fuge können aufgenommen werden?

- Wie wirkt sich der Überstand der Stege auf die Traglast bzw. auf die Fugensteifigkeit unter horizontaler Last aus?

- Welchen Einfluss haben zusätzlich eingebrachte Verbindungsmittel? Sind andere Verbindungsmittel außer Klammern denkbar oder kann auf das Einbringen von Verbindungsmitteln verzichtet werden?

- Wie verhält sich die Fuge und damit die Wand unter verschiedenen Auflasten durch Decken- und Dachaufbauten? Welchen Einfluss hat die Reibung?

- Wie verhält sich die Fuge unter zyklischen Lasten? Welchen Anteil hat die Fuge an der Energiedissipation einer Wand?

- Wie sehen die Schädigungen bei monoton steigender Last und bei zyklischer Belastung aus? Lassen sich aus dem Schadensbild Verbesserungsvorschläge ableiten?

Zur Klärung der oben genannten Fragestellungen wurde ein Scherkörper aus drei HIB-Elementen hergestellt. Dieser, für den Versuch um 90° zur realen Einbausituation gedrehte Körper, wurde wie in Bild 4-3 gezeigt gelagert und dem in Tabelle 2 wiedergegebenen Versuchsprogramm unterzogen.

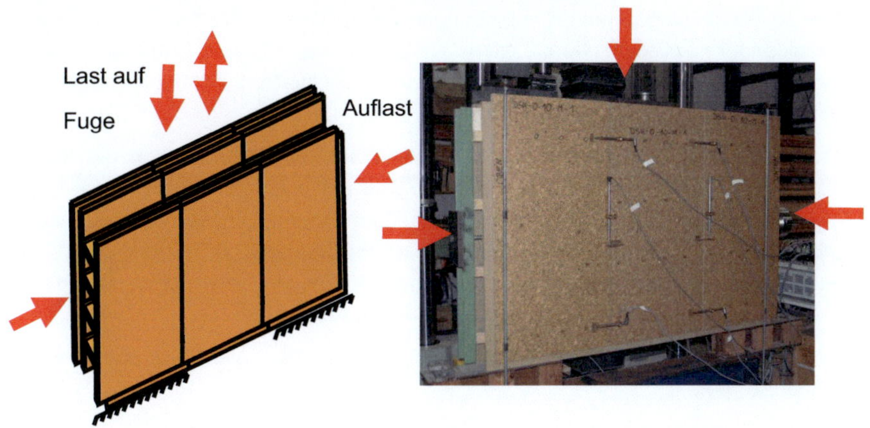

Bild 4-3:   Aufbau der Vorversuche zur Untersuchung der Eigenschaften der Elementfuge

Tabelle 2: Versuchsprogramm für die Vorversuche an HIB – Elementen

Auflast	1 kN (=1kN/m)	10 kN	20 kN	40 kN
a) Stoß nicht geklammert	Anzahl Versuche			
Monotone Last	3	3	3	3
Zyklische Last		1		
b) Stoß geklammert				
Monotone Last	3	3 + 2	3	3
Zyklische Last		3 + 4		
Gesamt (Versuche)	34			

4.2   Ergebnisse der Vorversuche

4.2.1   Versuche mit nicht geklammerten Elementen

Ohne zusätzlich eingebrachte Verbindungsmittel entsteht der Verbund der Elemente untereinander lediglich durch den Stegüberstand. Dieser Aufbau erreicht erwartungsgemäß geringere Steifigkeiten und Höchstlasten als bei geklammerter Ausführung.

Selbst bei einer vergleichsweise geringen Auflast von 1 kN konnten die Körper Maximalkräfte von über 30 kN aufnehmen, dies entspricht 15 kN pro Meter Fuge. Ein Versuchskörper aus Elementen ohne überstehende Stege hat bei diesem Aufbau (ohne Verbindungsmittel und Auflast) die theoretische Traglast „Null". Der neue Aufbau des Elementes mit überstehenden Stegen stellt schon aus dieser Überlegung eine entscheidende Verbesserung im Aufbau dar.

Bild 9-1 zeigt die Last-Verschiebungsdiagramme aller ungeklammerten Versuchskörper.

Die Versuchsergebnisse der Vorversuche mit ungeklammerten Elementen schaffen in erster Line Anhaltswerte für die spätere rechnerische Bemessung und Berechnung der Elemente. Auf die Verklammerung der Elemente untereinander wird in der Praxis nicht verzichtet werden können.

Die ermittelten Last-Verschiebungswerte können Tabelle 7, Tabelle 8, Tabelle 9 und Tabelle 10 (Anhang) entnommen werden.

4.2.2   Versuche mit geklammerten Elementen

Bild 9-2 zeigt im die Last-Verschiebungsdiagramme der geklammerten Versuchskörper. Durch das Einbringen von Klammern können sowohl höhere Traglasten als auch höhere Steifigkeiten für die Prüfkörper erreicht werden. Die Verschiebungen bei der jeweiligen Höchstlast sind jedoch geringer als bei der ungeklammerten Ausführung. Nach Erreichen der Höchstlast ist ein starker Abfall der Last zu beobachten. Die Klammern werden vollständig aus den Plattenmaterialien herausgezogen, die Versuche wurden an dieser Stelle abgebrochen.

Bei Gebäuden in HIB-Elementbauweise werden Klammern lediglich von der späteren Gebäudeinnenseite aus in die Spanplatte eingetrieben. Bei der Beobachtung der Versuche und der Auswertung der Ergebnisse konnte jedoch der Beginn großer Verschiebungen und der Beginn des Versagens auf der nicht geklammerten Seite – der Bretterseite – beobachtet werden.

Daher wurden zwei Versuche mit zusätzlich auf der Bretterseite eingebrachten Verbindungsmitteln und einer Auflast von 10 kN durchgeführt. Die hierbei erreichte Maximallast lag bei Verwendung von Klammern der Länge $\ell = 30$ mm bereits um ca. 10 % höher als ohne Klammern in der Bretterseite. Bei Verwendung von Klammern der Länge $\ell = 55$ mm konnte die höchste in der Versuchsreihe gemessene Traglast von annähernd 95 kN erreicht werden.

Eine Verklammerung der späteren Gebäudeaußenseite kann somit durchaus zur Steigerung der Traglast herangezogen werden. In der Praxis ist allerdings nicht zu erwarten, dass eine solche Verklammerung ausgeführt wird, da der zeitliche Aufwand für ein ganzes Gebäude hoch wäre.

Die ermittelten Last-Verschiebungswerte für die geklammerten Vorversuche können Tabelle 11, Tabelle 12, Tabelle 13 und Tabelle 14 (Anhang) entnommen werden.

5 Versuche an Wandscheiben

5.1 Zielsetzung

Das Tragverhalten einer Wandscheibe aus HIB-Elementen unter horizontalen Lasten ist durch den bausteinartigen Aufbau nicht mit dem Tragverhalten von herkömmlichen Holzbauweisen vergleichbar. Die Beplankung der Wand wird durch kleinformatige Holzwerkstoffplatten gebildet, die gleichzeitig als Decklage der einzelnen Elemente dienen. Die kleinformatigen Holzwerkstoffplatten werden lediglich auf der späteren Gebäudeinnenseite an deren überstehenden horizontalen Rändern durch Klammern verbunden. Hierdurch entsteht eine einseitige, nicht kontinuierlich durchgehende Beplankung. Durch die überstehenden Stege, welche in die Schwalbenschwanznut des nächsten Elementes eingreifen, wird ein erster Verbund der einzelnen Elemente in horizontaler Richtung untereinander gebildet, die Stege übertragen Vertikalkräfte nur über Kontaktkräfte, ohne Verbindungsmittel können keine Zugkräfte übernommen werden. Die später eingebrachten Verbindungsmittel in den horizontalen Fugen nehmen sowohl die durch die horizontalen Lasten verursachten Schubkräfte als auch durch das Abheben der Wand entstehende Zugkräfte auf.

Die Durchführung von Versuchen am HIB-Bausystem sollte letztlich Aufschlüsse über das Verhalten unter Erdbeben- und Sturmlasten geben. Bei den Versuchen wurden Aussagen über das Last- Verformungsverhalten der Wandscheiben gewonnen, welche Aufschlüsse über die Steifigkeitseigenschaften, die Versagensmechanismen unter verschiedenen Auflasten und schließlich der Belastungsgrenzen geben.

5.2 Versuche an Wandscheiben aus HIB-Elementen

5.2.1 Hintergrund der Versuchsdurchführung, Versuchsbezeichnung

Wie bereits in den vorangegangenen Abschnitten geschildert, werden bei der Ermittlung der Tragfähigkeits- und Steifigkeitseigenschaften von aussteifenden Wänden im allgemeinen zuerst Versuche mit statisch-monotoner Lastaufbringung gewählt. Bei diesen Versuchen werden Steifigkeitskennwerte, die Maximallast sowie die Verschiebung bei Maximallast ermittelt. Mit diesen Eingangsdaten lässt sich das Protokoll für die zyklische Beanspruchung erstellen, um im zweiten Schritt die Eigenschaften der Prüfwand wie Energiedissipation und hysteretische Dämpfung unter nachgestellten Erdbebenlasten zu erhalten.

Die Eigenschaften der untersuchten Wandbauteile hängen wesentlich von der gewählten Auflast sowie von der Bodenverankerung ab. Im realen Gebäude wird die Auflast je nach Gebäudetyp sowie der Lage der Wand im Gebäude stark variieren. Um die Daten für einen späteren Bemessungsvorschlag verwendbar zu machen, wurden die Versuche an einheitlicher Wandgeometrie mit unterschiedlichen Auflasten durchgeführt. Um möglichst aussagekräftige Daten zu erhalten, sollte die Auflast zuerst gering gewählt werden, im zweiten Fall wurde eine Auflast wie in der Realität üblich angestrebt, im dritten Fall sollte die Auflast möglichst hoch angenommen werden.

Für die möglichst geringe Auflast wurde nur der Lastverteiler selbst auf die Prüfwand aufgesetzt und mit dieser verschraubt. Der Lastverteiler bewirkt eine Streckenlast von 1,33 kN/m, durch die vertikalen Zylinder wurde bei diesen Versuchen keine zusätzliche Druckkraft ausgeübt. Aus Gründen der Vereinfachung wird die Auflast daher im folgenden mit „0", d.h. ohne zusätzliche Auflast bezeichnet.

Eine gebräuchliche Auflast für Wohngebäude zu finden, ist aufgrund der verschieden Bauweisen schwierig. Eine übliche Größe für die Versuchsdurchführung an aussteifenden Wandscheiben ist 10 kN/m, einige Versuche anderer Prüfinstitute wurden mit dieser Auflast durchgeführt. Um die Versuchsdaten mit denen anderer Institute vergleichen zu können, wurde die Auflast 10 kN/m ebenfalls im Versuchsprogramm gewählt.

Die im folgenden verwendeten Bezeichnungen setzen zusammen aus:

1. Stelle	PO	Art der Belastung (PO = Push-Over), monoton ansteigende Belastung nach ISO/CD 21581 bzw. EN 594
	ZYK	Art der Belastung (ZYK = Zyklisch), wiederholt-zyklische Belastung nach ISO/CD 21581 bzw. ISO 16670
2. Stelle	Auflast	Kennzeichnet die Höhe der Auflast in kN/m
		Es werden 3 verschiedene Auflasten verwendet
	0	ohne zusätzliche Auflast
	10	zusätzliche Auflast 10 kN/m
	20	zusätzliche Auflast 20 kN/m
3. Stelle	Nummer	Fortlaufende Versuchsnummer

PO_10_3 bezeichnet also z.B. den dritten Versuch mit monotoner Lastaufbringung und einer zusätzlichen Auflast von 10 kN/m.

Als Betrag für die hohe Auflast wurde 20 kN/m gewählt, um die Schrittweite von 10 kN/m einzuhalten. Überschlagsberechnungen an einem zweigeschossigen Wohngebäude mit einfachem Grundriss bestätigten die Höhe der Auflast als sinnvolles Maß.

5.2.2   Beschreibung und Aufbau der HIB-Elemente

Die vorgefertigten Holzelemente bestehen aus zwei parallel angeordneten Platten, in deren Mitte vertikale Stege angebracht sind. Für die Versuche wurden Grundelemente der Länge ℓ = 1,0 m und der Höhe h = 0,5 m sowie halbe Elemente der Länge ℓ = 0,5 m bei gleicher Höhe h = 0,5 m verwendet. Durch das Verlegen der Elemente im Läuferverband, also mit jeweils einer halben Steinlänge Übergreifung, ergibt sich die Verwendung von halben Elementen am Wand-abschluss. Alle Versuche wurden mit einer Wanddicke von b = 160 mm durchgeführt.

Die vertikal im Abstand von 250 mm angeordneten Stege sind mit Schwalben-schwanznuten versehen, die in die beidseitig angeordneten Spanplatten einge-schoben werden. Durch die Schwalbenschwanzgeometrie entsteht ein starrer Verbund zwischen den Stegen und der Beplankung. Zusätzlich wird die Verbindung durch Klammern gesichert, die bei der Fertigung eingetrieben werden. Die vertikalen Stiele der Wand müssen aus Nadelholz mindestens der Sortierklasse S10/C24M nach DIN 4074-1 bestehen.

Bild 5-1:   Vorgefertigter Wandbaustein, links: Ansicht Livingboardseite, Mitte: Ansicht Bretterseite, rechts: Detail überstehende Stege

Die verwendete Spanplatte ist ein der OSB-Platte ähnlicher Holzwerkstoff, der mit formaldehydfreien Bindemitteln produziert wird. Die Platte ist dadurch besonders umweltverträglich und emissionsarm. Die Spanplatten werden entsprechend EN 312 hergestellt und können der technischen Klasse P5 nach DIN EN 13986:2002-09 zugeordnet werden.

Die Stege ragen an der Oberseite um 30 mm aus dem Element heraus. Ähnlich dem Lego-Bausteinsystem greift dieser Überstand beim Zusammenstecken in die Schwalbenschwanzförmige Einfräsung des darüber liegenden Elementes ein, wodurch ein erster Verbund der Elemente in horizontaler Richtung entsteht.

Auf der späteren Innenseite des Gebäudes ist eine zweite Spanplatte 30 mm seitlich und nach unten versetzt angeordnet. Der Überstand nach unten wird nach dem Zusammenstecken mit Klammern verbunden, so dass die horizontale Fuge später kontinuierlich mit Verbindungsmitteln versehen ist.

Auf der späteren Außenseite des Gebäudes ist eine Bretterlage ebenfalls um 30 mm versetzt angebracht. In diesen Versatz werden in der Praxis und auch in den Versuchsreihen keine Verbindungsmittel eingebracht, da das unterste Brett durch die eng aneinander liegenden Klammern aufspalten würde.

Für den unteren und oberen Abschluss der Wände sind Schwellen bzw. Einbinder im System enthalten. In einem maximalen Abstand von 3,0 m sind in jede Wand zusätzlich vertikale Stiele (auch: „Zugstützen") einzubringen. Durch die Vorfertigung und die einfache Montage der Elemente wird eine schnelle und damit wirtschaftliche Bauausführung erreicht. Das maximale Gewicht eines Elementes liegt bei ca. 25 kg, das Element kann von Hand versetzt werden.

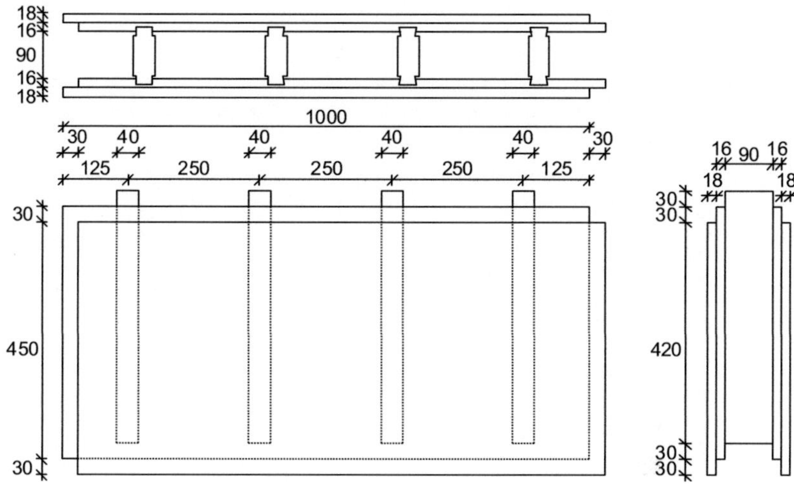

Bild 5-2:   HIB – Element, Ansicht von Livingboardseite, Seitenansicht, Draufsicht

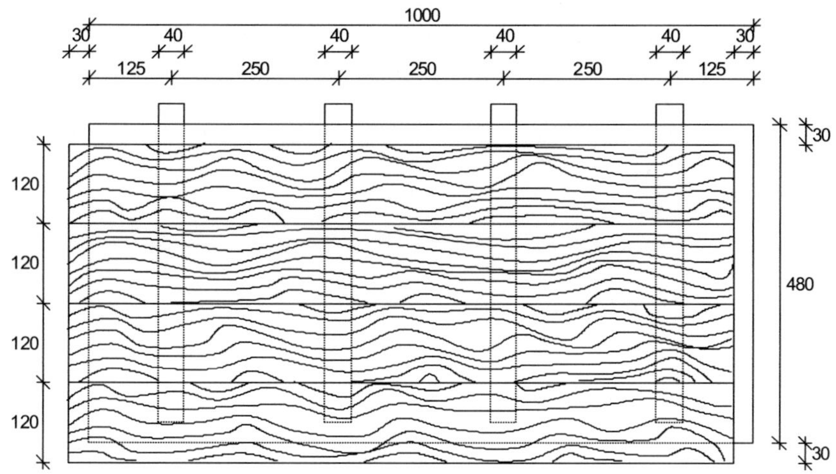

Bild 5-3:   HIB – Element, Ansicht von Bretterseite

5.2.3 Versuchsaufbau

Alle Versuche wurden mit 3 Vollsteinen in der ersten, dritten und fünften Lage sowie mit zwei halben Steinen und zwei Vollsteinen in der zweiten und vierten Lage durchgeführt (Bild 5-4). Dieser Versuchsaufbau wurde gewählt, um eine möglichst realistische Wandscheibengröße zu erhalten. Weiterhin bewegen sich die Abmessungen dieses Versuchsaufbaus in einer ähnlichen Größenordnung wie in EN 594 gefordert (2,4 x 2,4 m). So kann zu Vergleichszwecken evtl. auf die Daten anderer Prüfinstitute zurückgegriffen werden. Es wurde bewusst darauf verzichtet, diese Geometrie zu variieren, da die Eigenschaften unter horizontalen Lasten für eine Standardausführung der Wand gesucht waren.

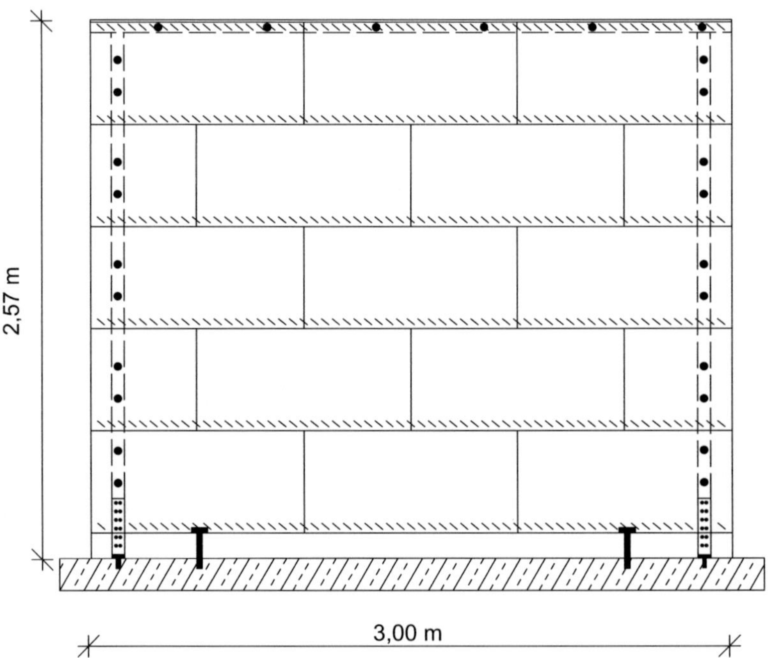

Bild 5-4:   Aufbau der geprüften Wände

Der Zusammenbau der Wand sollte möglichst analog dem Vorgehen in der Praxis erfolgen. So wurde zuerst die Schwelle mit zwei Bolzen d = 12 mm an der Unterlage auf der Prüfmaschine befestigt. Auf der Baustelle wird zuerst der Schwellenkranz auf dem Fundament ausgelegt und mit Dübeln d = 12 mm befestigt. Die Unterlage der Schwelle an der Prüfmaschine besteht aus Stahlplatten der Dicke t = 20 mm, durch die die Bolzen der Schwellenbefestigung durchgesteckt wurden und von unten mit einer Mutter gekontert wurden. Unter der Annahme, dass die Dübel nicht aus dem Fundament herausgezogen werden, ergibt die Befestigung mit den Bolzen identisches Tragverhalten.

Nach Befestigung der Schwelle wird die erste Elementreihe auf der Schwelle ausgelegt, wobei jedes Element mit einem Winkelverbinder 90 x 90 mm (Simpson Strong - Tie Winkelverbinder 90 mit Rippe lt. Zulassungsbescheid Z-9.1-433) an der Schwelle befestigt wird. Die Schwelle besitzt keinen in das Element eingreifenden Überstand oder eine entsprechende Verkürzung. So sind die Winkel zur Aufnahme der Kräfte, die in Wandebene zwischen Schwelle und erster Elementreihe wirken, vorgesehen. Der Winkelverbinder wird mit 10 Schrauben 5 x 40 mm (BTI DoTec-Holzschraube lt. Zulassungsbescheid Z-9.1-600) an den vertikalen Stützen sowie mit 10 Kammnägeln 4 x 50 mm (Gunnebo Ankernägel lt. Einstufungsschein Nr. 14/001 der FMPA Stuttgart) auf der Schwelle befestigt.

Die zweite, dritte, vierte und fünfte Elementreihe werden im Läuferverband ausgelegt, wobei in der zweiten und vierten Reihe der seitliche Abschluss durch ein halbes Element gebildet wird.

Nach Aufbringen der fünften Elementreihe erfolgt auf der Baustelle das Einbringen der Dämmung. Die Wirkung der Dämmung in statischer Sicht wird vernachlässigt, daher wurde diese bei der Versuchsdurchführung weggelassen. Zwei später beschriebene Versuche wurden mit Kiesfüllung in den Wänden durchgeführt. Die Kiesfüllung wurde vor dem Aufbringen des Einbinders von oben eingeschüttet.

In diesem Stadium werden die vertikalen Stiele („Zugstützen") in der Wand befestigt. Diese haben den Querschnitt 60 x 90 mm und müssen aus Vollholz mindestens der Sortierklasse S10/C24M nach DIN 4074-1 bestehen. Die vertikalen Stiele haben zwei Funktionen. Sie erhöhen erstens die Biegesteifigkeit der Wand bei Lasten, die rechtwinklig zur Wandebene angreifen. Sollte aufgrund hoher horizontaler Beanspruchungen rechtwinklig zur Wandebene eine hohe Biege-steifigkeit in dieser Richtung erforderlich sein, ist es möglich, zusätzliche Stiele in die Zwischenräume einzubauen. Zweitens dienen die vertikalen Stiele der Ableitung der abhebenden Kräfte, die bei horizontaler Belastung der Wandscheibe auftreten.

Laut der allgemeinen bauaufsichtlichen Zulassung Nr. Z-9.1-677 für das System vom September 2007 müssen vertikale Stiele in einem maximalen Achsabstand von 3,0 m eingebaut werden. Bei den Versuchen wurde jeweils ein vertikaler Stiel am vorderen bzw. hinteren Abschluss der Wand eingebracht. Die Stiele wurden mit 4 Schrauben 6 x 90 mm (BTI DoTec-Holzschraube lt. Zulassungsbescheid Z-9.1-600) pro Element gesichert. Es wurden 2 Schrauben von der Spanplattenseite und zwei Schrauben von der Bretterseite eingebracht.

Nach der allgemeinen bauaufsichtlichen Zulassung vom September 2007 sind die vertikalen Stiele durch entsprechende Verbindungsmittel mit der Unterkonstruktion zu verbinden. Hierfür vorgesehen sind Winkelverbinder 85 x 285 mm (Simpson Strong - Tie Winkelverbinder KR 285L).

In den ersten Versuchen (PO_10_1, PO_10_2, PO_10_3) stellte sich die Verbindung lediglich mit dem von außen aufgebrachten Winkelverbinder als Schwachstelle dar. In weiteren Versuchen erfolgte die Befestigung der vertikalen Stiele an der Schwelle daher zusätzlich mittels eines Winkelverbinders 90 x 90 mm, der mit 10 Schrauben 5 x 60 mm (BTI DoTec-Holzschraube lt. Zulassungsbescheid Z - 9.1-600) am vertikalen Stiel und mit 5 Kammnägeln 4 x 75 mm (Gunnebo Anker-nägel lt. Einstufungsschein Nr. 14/001 der FMPA Stuttgart) an der Schwelle befestigt wurde (Bild 5-14).

Den oberen Abschluss der Wand bildet das Rähm aus Nadelholz, im Folgenden auch „Einbinder" genannt. Die Stege der obersten Elementreihe sind so verkürzt, dass der Einbinder zwischen den Spanplatten liegt und nach oben um 1 cm übersteht. Um gleichmäßiges, verdrehungsfreies Anliegen des Einbinders an den Oberkanten der Stege sicherzustellen, wird der Einbinder mit vertikalen Schrauben 6 x 140 mm in jedem zweiten Steg von oben befestigt. Diesen vertikalen Schrauben wird keine rechnerische Tragfähigkeit zugewiesen, da sie in das Hirnholz der Stege eingeschraubt sind. Die statisch relevante Verbindung von Einbinder zur oberen Elementreihe wird durch Schrauben 5 x 60 mm (s. o.) hergestellt, wobei in jeder zweiten Elementkammer eine Schraube eingedreht wird.

Nachdem die Wand komplett aufgebaut ist, wird der Lastverteiler auf die Prüfwand abgesetzt. Während dieser nun die Wand mit seinem Eigengewicht belastet, werden die Klammern mittels einem Druckluft-Klammergerät eingetrieben.

Ziel des Forschungsvorhabens war die Weiterentwicklung des Systems durch die Beseitigung von Schwachstellen. Während der Versuchsdurchführung festgestellte Schwächen wurden in Absprache mit der Firma HIB zeitnah behoben, das entsprechende Detail meist schon nach einem Versuch verändert und verbessert. Der besseren Verständlichkeit wegen werden im folgenden die Versuche in der Reihenfolge ihrer Durchführung beschrieben. So kann das Fortschreiten der Entwicklung besser nachvollzogen werden.

Einbinder auf oberstem
Element, befestigt mit:

- vertikalen Schrauben
  6 x 140 mm in jeder
  zweiten Stütze
- horizontalen Schrauben
  5 x 60 mm im Abstand von
  250 mm auf der
  Spanplattenseite
- horizontalen Klammern
  1,53 x 64 mm im Abstand
  von 50 mm auf der
  Spanplattenseite

Bild 5-5:   Detailausbildung Befestigung des Einbinders

Standardelemente,
Überlappung verbunden mit:

- Klammern 1,53 x 32 mm
  im Abstand von 50 mm auf
  der Spanplattenseite

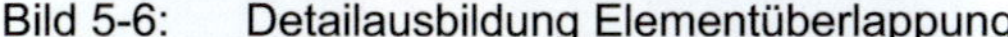

Bild 5-6:   Detailausbildung Elementüberlappung

Douglasienschwelle mit
Formstück aus Fichte

- verbunden mit Schrauben
  6 x 160 mm je 2 Stück im
  Abstand von 250 mm

Erste Elementreihe verbunden
mit Formstück durch:

- 1 Winkelverbinder
  90 x 90 mm pro Element
- Klammern 1,53 x 64 mm
  im Abstand von 50 mm auf
  der Spanplattenseite

Bild 5-7:   Detailausbildung Schwelle

5.2.4   Versuche mit monotoner Lastaufbringung

Tabelle 4 (Abschnitt 5.4) gibt eine Übersicht über alle durchgeführten Versuche mit monotoner Lastaufbringung, gibt die Ergebnisse wieder und enthält Bemerkungen zu einigen Versuchen. Die Last-Verschiebungsdiagramme der Versuche sind in Abschnitt 9.2 (Anhang) abgebildet.

5.2.4.1 Versuche PO_10_1, PO_10_2, PO_10_3

Die Versuchsdurchführung begann mit Versuchen der zusätzlichen Auflast 10 kN/m (Bild 5-8). Die mittlere Auflast 10 kN/m erschien angemessen, eine Abschätzung der Traglasten für die beiden anderen Auflasten zu liefern.

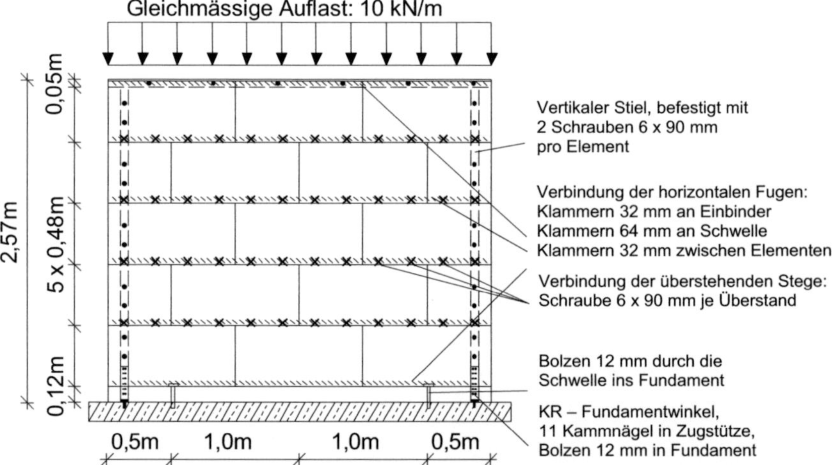

Bild 5-8:   Versuchsaufbau mit Auflast 10 kN/m, Schrauben in Stegüberständen

Bei diesen Versuchen kam noch nicht die in Bild 5-7 und in Bild 5-15 gezeigte Douglasienschwelle zum Einsatz, sondern eine Schwelle älterer Bauweise, die in Bild 5-9 gezeigt ist. Anstatt des später verwendeten Formstückes waren lediglich zwei Bretter mit dem unteren Schwellenholz verschraubt. Diese Bretter besaßen die gleiche Breite, wodurch ein Hohlraum zwischen der äußeren Beplankungslage und dem unteren Brett entstand. Die vorgesehenen Klammern der Länge $\ell = 32$ mm können bei dieser Schwellengeometrie nicht verwendet werden, da ihre Länge nicht ausreicht, den Hohlraum zu überbrücken. Die Verbindung wurde daher mit Klammern der Länge $\ell = 64$ mm ausgeführt. Die Verbindung zwischen oberstem

Element und Einbinder wurde ebenfalls durch Klammern der Länge ℓ = 32 mm hergestellt.

Weiterhin erwies sich die Verschraubung zwischen Brettern und unterem Schwellenholz als zu schwach. Schon bei geringen Zugkräften wurden die Schrauben aus dem unteren Schwellenholz herausgezogen (Bild 5-9 links).

Die Qualität des Schwellenmaterials für die Versuche PO_10_1, PO_10_2 und PO_10_3 war weiterhin ausschlaggebend für die großen Querdruckverformungen, die auf der druckbeanspruchten Seite auftraten (Bild 5-9 rechts).

Bild 5-9:   Nadelholzschwelle mit aufgeschraubten Brettern

Bei den Versuchen zur Erlangung der allgemeinen bauaufsichtlichen Zulassung, wurde eine ältere Generation der HIB-Elemente verwendet. Der Stegüberstand war bei diesen Elementen noch nicht vorhanden (Bild 5-10 links). So konnten in der Lagerfuge nur geringere Schubkräfte übertragen werden, die Versuchskörper zeigten große Verformungen durch das Abgleiten der Lagerfugen (Bild 5-10 rechts).

Um das Abgleiten der Lagerfugen bei der älteren Elementgeneration zu vermeiden, wurden Schrauben von außen durch die Beplankung in die Stege eingedreht (Bild 5-11). Die Versuchsergebnisse mit eingedrehten Schrauben in den Stegüber- ständen zeigen gegenüber den Prüfkörpern ohne Schrauben einen deutlichen Traglastzuwachs. Jedoch bedeutet das Einbringen der Schrauben einen erheblichen Mehraufwand. Die Ausführung mit Schrauben in den Stegüberständen wird daher als optionale Möglichkeit bei besonders hohen Horizontallasten in Frage kommen. Ansonsten sollten hohe Horizontallasten durch gute Verankerung der Stiele abgetragen werden.

Um den in der bauaufsichtlichen Zulassung geforderten Fall mit Schrauben in den Stegüberständen zu untersuchen, wurden die Versuche PO_10_1, PO_10_2,

PO_10_3 in der Anordnung mit alter Schwelle und mit Schrauben in den Stegüberständen durchgeführt.

Bild 9-4 (Anhang) zeigt die Last-Verschiebungsdiagramme der Versuche mit zusätzlicher Auflast 10 kN/m und Schrauben in den Stegüberständen. In allen Diagrammen ist der ruckartige Verlauf der Kurve zu erkennen, dies wird von der Verschiebung zwischen erster Elementreihe und Schwelle verursacht.

Bild 5-10:   Element alter Bauart ohne Stegüberstände, Abgleiten der Lagerfuge

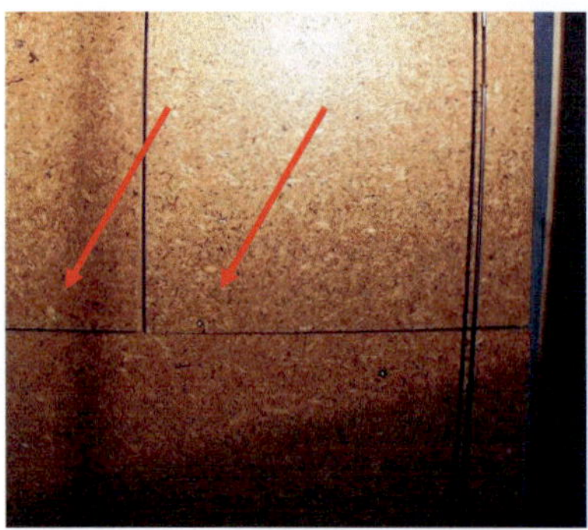
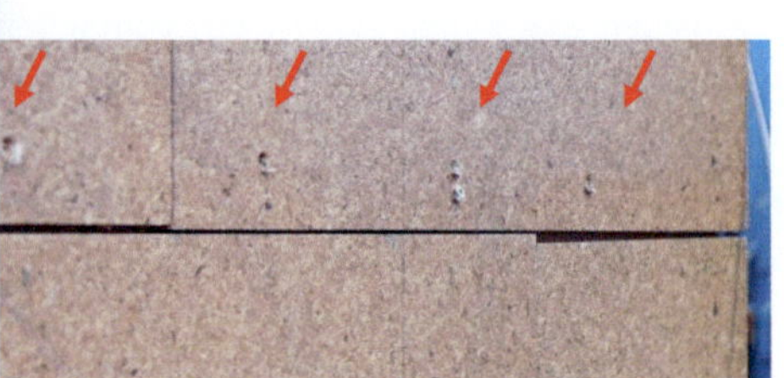

Bild 5-11:   Schrauben zur Sicherung der Lagerfuge, vor (links) und nach dem Versuch (rechts)

Bereits bei geringen Laststufen fielen in dieser Versuchsreihe die großen horizontalen Verformungen im Bereich Schwelle - erstes Element auf. Durch den Hohlraum zwischen Schwelle und erster Elementreihe können sich bereits bei geringen Horizontallasten Fließgelenke in den Klammern ausbilden. Die frühe

Bildung von Fließgelenken führt bereits bei geringer Beanspruchung zum Abheben der ersten Elementreihe von der Schwelle. Durch das Aufeinandernageln von zwei Brettern entstehen zwei zusätzliche Scherfugen im Schwellenbereich der Wände. Verschiebungen zwischen den Brettern bzw. zwischen unterem Brett und Schwelle konnten ebenfalls beobachtet werden. Durch den unzureichenden Verbund zwischen erster Elementreihe und Schwelle gleitet die gesamte Versuchswand gegenüber der Schwelle ab, was im Versuch PO_10_2 (Bild 5-2) sogar zum Abriss der auf Zug beanspruchten Ecke sowie zu starkem Verbiegen der Fundamentwinkel führte (Bild 5-13).

Bild 5-12:   PO_10_1 (links) und PO_10_2 (rechts) nach dem Versuch

Der Stiel wurde mit jeweils zwei Schrauben 5,0 x 90 mm pro Element von der Innenseite (durch beide Spanplattenlagen) sowie von der Außenseite (durch Bretter- bzw. Spanplattenlage) befestigt. Der Anschluss des Stiels an das Fundament erfolgt durch den auf der späteren Gebäudeinnenseite angebrachten Fundamentwinkel. Die in die Stiele eingebrachten Nägel der Länge $\ell = 75$ mm müssen zwei Spanplatten mit einer Gesamtdicke von 34 mm durchdringen, bevor Sie mit einer verbleibenden Länge von 41 mm in die Stiele eindringen. Wirkt eine

Zugkraft auf die Stiele, so entstehen an dieser Stelle bereits bei geringen Kräften bzw. horizontalen Verschiebungen des Wandkopfs große Verformungen. Ebenfalls sind vertikale Verformungen zwischen den Elementen im gesamten Bereich der Stiele zu beobachten.

Der KR-Winkel soll aufgrund seiner Geometrie weiterhin die entstehenden Zugkräfte von den Stielen in die Schwelle leiten. Dies ist bei der verwendeten Schwellengeometrie nicht möglich, da die unteren Nägel bei der veralteten Schwellengeometrie nicht eingebracht werden können.

An der Druckseite der Prüfwand starke sind Querdruckverformungen der Schwellenhölzer zu erkennen (Bild 5-9 rechts).

Die Messung der Verschiebung zwischen Schwelle und Fundament zeigt, dass die ins Fundament eingebrachten Bolzen nicht in der Lage sind, die Verschiebungen auf ein erträgliches Maß zu begrenzen.

Bild 5-13:   Abgleiten der unteren Fuge bei den ersten Versuchen

In Versuch PO_10_2 wurde das untere Brett der Schwellenaufdopplung verbreitert, um den Hohlraum zu vermeiden. So konnten auch die in der bauaufsichtlichen Zulassung geforderten Klammern der Länge $\ell = 32\,\text{mm}$ zum Einsatz kommen. Weiterhin wurden jedoch große Verformungen im Bereich Schwelle - erstes Element beobachtet. In diesem stark beanspruchten Bereich liegen sowohl die Scherfugen der Verbindung Element - Schwelle, die mit Klammern ausgeführt wird, als auch die Scherfugen der Verschraubung Aufdopplung - Schwelle. Die fehlende Verbindung von Stiel zu Schwelle trägt wiederum zu den großen Verformungen der

Versuchswand bei. Der KR-Winkel ist durch das Abgleiten der ersten Elementreihe stark verbogen (Bild 5-13).

Die großen Verformungen zwischen Schwelle und erster Elementreihe führten zu verschiedenen Überlegungen, wie diese reduziert werden können. Beim abschließenden Versuch mit dieser Konfiguration (PO_10_3) wurden Knaggen aus Fichtenholz so auf die Schwelle aufgeschraubt, so dass die Bewegung jedes einzelnen Elementsteges von einer Knagge blockiert wurde. Trotz eingebauter Knaggen wurden auch bei diesem Versuch große Verformungen festgestellt. Nach Rücksprache mit der Firma HIB wurde daher die neue Schwellengeometrie vorgeschlagen. Durch den Übergang von zwei aufeinander geschraubten Brettern zu einem gefrästen Formstück wird eine Scherfuge beseitigt. Trotzdem wird die erste Fuge zukünftig mit Klammern der Länge ℓ = 64 mm geklammert.

Im Gegensatz zur rauen Betonoberfläche eines Fundamentes besteht das Wandauflager in der Versuchseinrichtung aus Stahl mit einer glatten Oberfläche. Die Befestigung mit den Bolzen d = 12 mm sowie den KR-Fundamentwinkeln konnte bei allen drei Versuchen die Verschiebungen zwischen Schwelle und Unterbau auf ein erträgliches Maß reduzieren. Da die Untersuchung der Wandscheibe nicht von der Befestigung beeinflusst werden sollte, wurde für alle folgenden Versuche ein Gegenhaltewinkel vor der Schwelle befestigt, um die Verschiebungen zu minimieren (Bild 5-14).

5.2.4.2 Versuche PO_0_1, PO_0_2, PO_0_3

Bei den Versuchen ohne zusätzliche Auflast wurde lediglich der Lastverteiler (Bild 3-6) auf die Versuchswand aufgesetzt und mit dieser verschraubt. Vor Durchführung der Versuche wurde mit einer Kraftmessdose das Gewicht des Lastverteilers und der Gestängekonstruktion des Zylinders bestimmt. Es ergab sich ein Eigengewicht dieser Bauteile von 400 kg woraus für den Prüfkörper mit einer Länge von ℓ = 3,0 m eine Gleichstreckenlast von 1,33 kN/m folgt. Aus Gründen der Vereinfachung ist in den Versuchsbezeichnungen für Versuche ohne zusätzliche Auflast die Gleichstreckenlast mit 0 kN/m angegeben.

Bei den vorangegangenen Versuchen konnte grundsätzlich ein Versagen ausgehend vom Stiel beobachtet werden. Die Verankerung des Stiels lediglich mit zwei Schrauben 5,0 x 90 mm pro Element erwies sich als nicht ausreichend tragfähig, um die Verformungen auf ein erträgliches Maß zu reduzieren. Eine zusätzliche Verankerung des Stiels mit einfachen und praktikablen Mitteln erscheint notwendig. Beim Aufbau einer Wand werden die Stiele nach dem Verlegen der obersten Elementreihe von oben in die Wand eingeschoben und von außen verschraubt. Das Anbringen eines Verbinders zwischen Stiel und Schwelle ist nachträglich nicht mehr möglich.

Soll eine zusätzliche Kraftübertragung durch einen Verbinder erfolgen, müssen sowohl Stiel als auch Verbinder nach dem Verlegen der ersten Elementreihe angebracht werden. Die Elemente der nachfolgenden Reihen müssen über die vertikalen Stiele übergestülpt werden, was den Montagevorgang erschwert. Trotzdem erscheint im Hinblick auf die spätere Verwendung der Systembauweise in erdbebengefährdeten Gebieten der Einsatz einer direkten Verbindung zwischen Stiel und Schwelle unerlässlich, weshalb die weiteren Versuche dieser Reihe mit einem Winkelverbinder 90 x 90 mm (Bild 5-14) durchgeführt wurden.

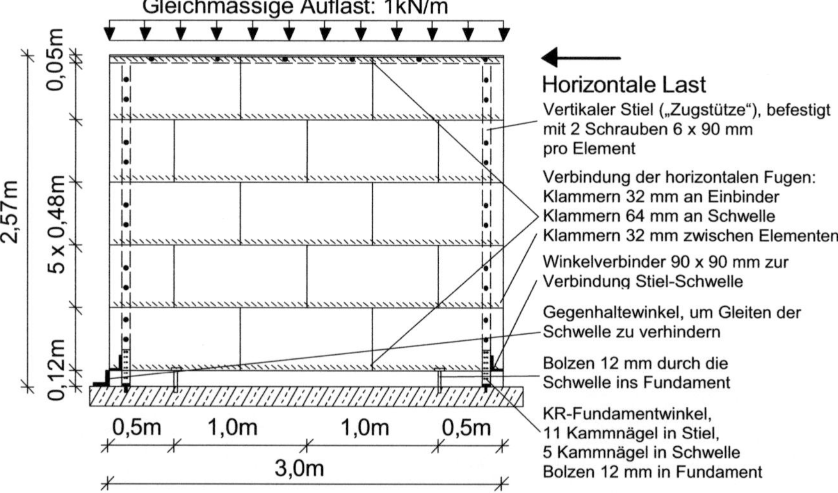

Bild 5-14:   Versuchsaufbau ohne zusätzliche Auflast

Für die folgenden Versuche wurde die neue Schwellengeometrie der Firma HIB verwendet. Bild 5-15 zeigt die neue Schwelle aus Douglasienholz mit einem aufgesetzten Formstück aus Fichte. Das Formstück aus Fichtenholz ist mit jeweils zwei Vollgewindeschrauben 6 x 160 mm im Abstand von 25 cm kontinuierlich verschraubt. Das Hauptholz aus Douglasie ist deutlich höher als das bisher verwendete Schwellenholz, wodurch auch die Befestigung des KR-Winkel- verbinders korrekt erfolgen kann: 5 Nägel dringen in das Douglasienstück ein, weitere 11 Nägel dringen in den Stiel ein. So übernimmt der Fundamentwinkel einen

Teil der Zugkraftübertragung zwischen erster Elementreihe und Schwelle. Der Fundamentwinkel ist in Bild 5-15 gezeigt.

Um die Kraftübertragung weiter zu verbessern, wurde für die Versuche ohne Auflast ein Lochblech von der späteren Gebäudeaußenseite (Bretterseite) aufgenagelt (Bild 5-16 Mitte). Dieses greift mit den oberen Nägeln in den Stiel, mit den unteren Nägeln in die Schwelle ein.

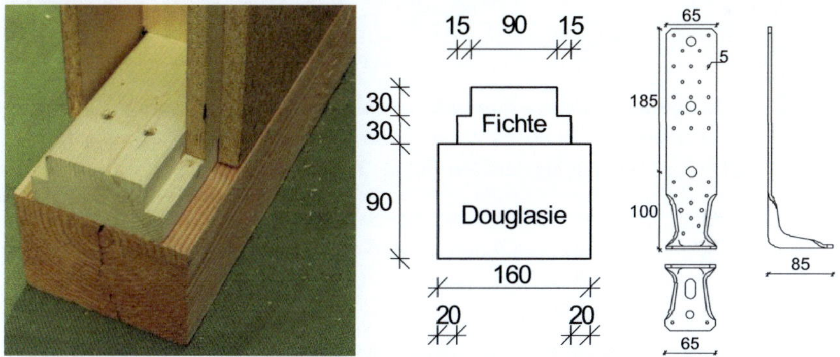

Bild 5-15: Douglasienschwelle mit Formstück aus Nadelholz (links und Mitte), KR-Winkelverbinder (rechts), Maße in mm

Der Versagensmechanismus des Versuchs PO_0_1 konnte insgesamt nur bei zwei Versuchen beobachtet werden. Nach anfänglich unauffälligem Verhalten nahmen die Verformungen zwischen dem Einbinder und der oberen Elementreihe stark zu, schließlich wurden die Verbindungsmittel des Einbinders komplett herausgezogen und der Einbinder rutschte bis zum Versuchsabbruch weiter. Die erreichte Höchstlast betrug in diesem Versuch ca. 47 kN, das Versagen des Einbinders erfolgte gutmütig und duktil. Die Wandscheibe selbst wies keine nennenswerten Verformungen auf. Die anschließende Überprüfung des Einbinderholzes ergab eine geringe Rohdichte und einen großen Abstand der Jahrringe. Das Einbinderholz entsprach hier augenscheinlich nicht der Sortierklasse S10/C24M.

Bild 5-16:   Durchgeschobener   Einbinder   beim   Versuch   PO_0_1   (links),
             Zusätzliches   Lochblech   bei   den   Versuchen   (Mitte),   Versagen
             Stielanschluss beim Versuch PO_0_3 (rechts)

Bei Versuch PO_0_2 konnte ein Zugversagen zwischen den Elementen beobachtet
werden. Es zeigte sich ein treppenförmiges Versagensbild (Bild 5-17), die erreichte
Traglast lag mit ca. 49 kN etwas über dem Lastniveau des vorangegangenen
Versuches ohne zusätzliche Auflast.

Bild 5-17:   Prüfkörper PO_0_2 und PO_0_3 nach dem Versagen

Aufgrund des bei PO_0_2 beobachteten Versagens wurde beschlossen, beim abschließenden Versuch PO_0_3 zusätzliche Klammern in die vertikalen Element-stöße einzubringen.

Dies führte dazu, dass der Versuch PO_0_3 zwar eine höhere Traglast als die beiden vorangegangenen Versuche aufwies, das Versagen jedoch schlagartig und nicht mehr duktil erfolgte. Bei einer Höchstlast von ca. 53 kN wurden die Nägel des Winkelverbinders zwischen Stiel und Schwelle herausgezogen, die resultierende Bewegung führte zu einem Aufreißen der ersten Fuge (Bild 5-17).

Die Klammern in den vertikalen Fugen können zur Erhöhung der Traglast herangezogen werden, allerdings muss in solchen Fällen auch die Verbindung der Stiele auf die Schwelle ausreichend tragfähig sein. Denkbar wäre ein größerer Querschnitt der Stiele und eine zusätzliche Befestigung, z.B. durch eingedrehte Vollgewindeschrauben.

Die Last-Verschiebungsdiagramme der Versuche ohne zusätzliche Auflast sind in Bild 9-3 (Anhang) dargestellt.

5.2.4.3 Versuche PO_20_1, PO_20_2, PO_20_3

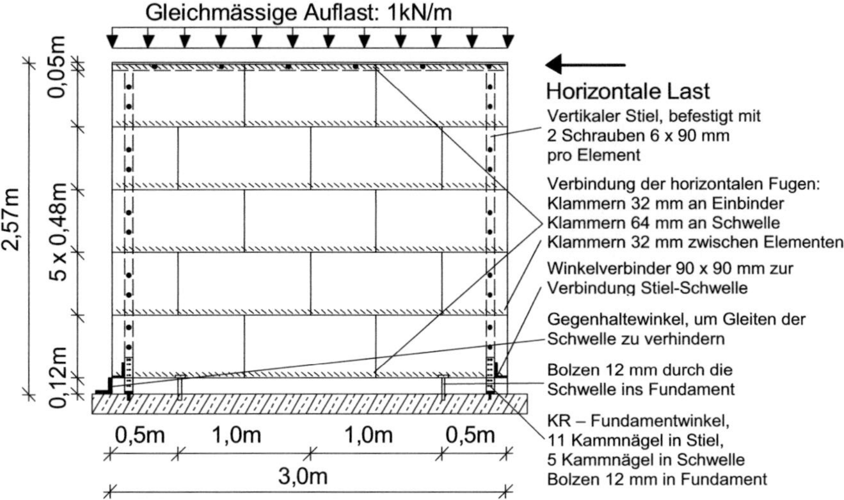

Bild 5-18:   Versuchsaufbau mit zusätzlicher Auflast 20 kN/m

Bei den Versuchen mit zusätzlicher Auflast 20 kN/m wurde auf die Befestigung der Stiele an der Schwelle mit einem zusätzlichen Winkelverbinder 90 x 90 mm verzichtet.

Gegenüber den Versuchen mit Auflast 10 kN/m konnte die Traglast zumindest beim Versuch PO_20_1 nochmals deutlich gesteigert werden. Dieser Versuch zeigte nach dem Erreichen der Höchstlast von ca. 77 kN wiederum das bereits bekannte Zugversagen in den Elementfugen.

Aufgrund des bei PO_20_1 beobachteten Zugversagens wurde für Versuch PO_20_2 auf dessen Bretterseite ein Lochblech analog zu den Versuchen ohne zusätzliche Auflast angebracht. Das Versagen des Prüfkörpers PO_20_2 erfolgte ähnlich wie beim Versuch PO_0_1 durch das Versagen der Verbindung des oberen Einbinders, der durchgeschoben wurde. Aufgrund der hohen Auflast zeigte sich hier kein duktiles Versagen mehr.

Das Versagen des Prüfkörpers PO_20_3 zeigte sich ebenfalls spröde, bei diesem Versuch „platzte" die erste horizontale Fuge auf, zeitgleich wurde der Stiel aus seiner Verankerung gezogen.

Die Last-Verschiebungsdiagramme der Versuche mit Auflast 20 kN/m sind in Bild 9-6 gezeigt.

Bild 5-19:   Prüfkörper PO_20_1, PO_20_2 und PO_20_3 nach dem Versagen

5.2.4.4 Versuche PO_10_4, PO_10_5

Bei den Versuchen mit zusätzlicher Auflast 10 kN/m ohne zusätzliche Schrauben in den Stegversätzen wurde auf die Befestigung der Stiele an der Schwelle mit einem zusätzlichen Winkelverbinder 90 x 90 mm wiederum verzichtet. Es sollte die Wand in ihrer bauaufsichtlich zugelassenen Form ohne zusätzliche Schrauben geprüft werden.

Das Versagen zeigte sich in der bereits bekannten Form des Zugversagens der horizontalen Elementfuge, wobei die Verbindungsmittel aus der unteren Spanplatte herausgezogen wurden.

Die Last – Verschiebungsdiagramme der Versuche mit zusätzlicher Auflast ohne zusätzliche Schrauben sind in Bild 9-5 (Anhang) dargestellt.

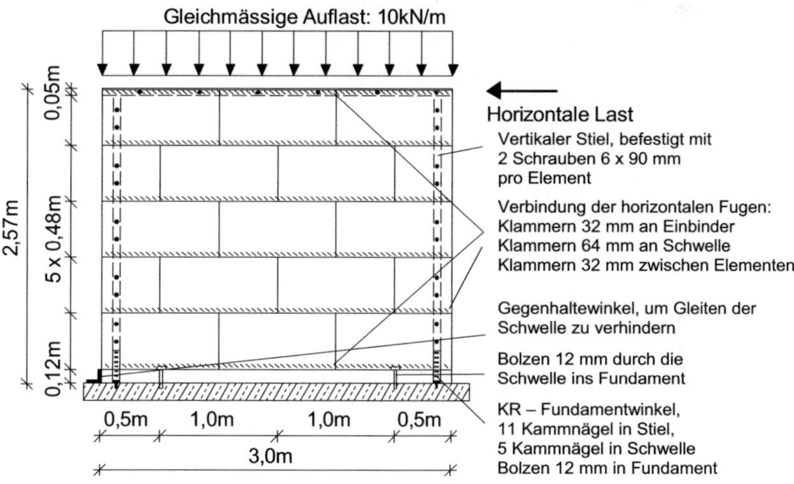

Bild 5-20:   Versuchsaufbau mit zusätzlicher Auflast 10 kN/m

Bild 5-21:   Prüfkörper PO_10_4 und PO_10_5 nach dem Versagen

5.2.5   Versuche mit zyklischer Lastaufbringung

Wie in Abschnitt 2.3 beschrieben, hängt das hysteretische Verhalten eines Bauteils vornehmlich von den verwendeten Verbindungsmitteln ab. Schlanke Verbindungsmittel verformen sich leichter als gedrungene Verbindungsmittel und sind daher beim Entwurf von Tragwerken für erdbebengefährdete Gebiete vorzuziehen. Die beim HIB-System verwendeten Klammern sind leicht verformbar und in großer Anzahl vorhanden. Das System ist weiterhin aus einzelnen Bausteinen aufgebaut, die sich bei horizontaler Belastung gegeneinander verschieben und verdrehen. Bei diesen Bewegungen tritt Reibung auf, wodurch weitere Energiedissipation durch die Umwandlung in Wärmeenergie stattfindet. Die genannten Punkte ließen bereits im Vorfeld ein günstiges Verhalten unter wiederholt-zyklischer Belastung bzw. unter Erdbebenlasten erwarten.

5.2.5.1 Versuche ZYK_10_1, ZYK_10_2, ZYK_10_3

Die Versuchsdurchführung mit der zusätzlichen Auflast 10 kN/m (Bild 5-22) erfolgte analog zu den Versuchen mit monotoner Belastung. Die mittlere Auflast von 10 kN/m erschien angemessen, eine Abschätzung der Traglasten und des hysteretischen Verhaltens für die anderen Auflasten zu liefern.

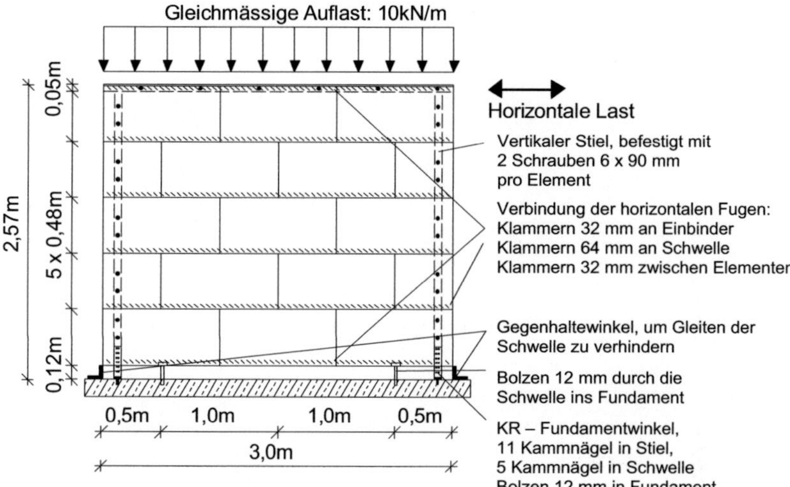

Bild 5-22:   Versuchsaufbau mit zusätzlicher Auflast 10 kN/m

Ein zweiter Gegenhaltewinkel wurde als Anschlag in der Zugrichtung vor der Schwelle angebracht. Es wurde ohne Schrauben in den Stegüberständen geprüft. Auf die zusätzliche Verankerung der Stiele durch einen Winkelverbinder wurde verzichtet.

Die maximale Verschiebung u_{max} wurde aus dem Mittelwert der drei Versuche mit monotoner Lastaufbringung gebildet, wobei dieser Wert auf die nächste volle Zehnerzahl aufgerundet wurde, um die Umrechnung in prozentuale Verschiebungen für das zyklische Lastprotokoll zu vereinfachen.

Als Maß für die Energiedissipation wurde das äquivalente hysteretische Dämpfungsmaß (Abschnitt 2.3 sowie Bild 2-7) gewählt.

Die Ergebnisse der Versuche mit zusätzlicher Auflast 10 kN/m sind in Abschnitt 9 (Anhang) in Bild 9-11, Bild 9-12 und Bild 9-13 sowie in Tabelle 18, Tabelle 19 und Tabelle 20 dargestellt.

Bei den vergleichbaren Versuchen mit monotoner Lastaufbringung (PO_10_4, Bild 9-5 und Tabelle 4) betrugen Maximallasten 61,0 kN bzw. 62,8 kN. Diese konnten bei den Versuchen mit zyklischer Lastaufbringung mit guter Übereinstimmung (ZYK_10_1: 56,7 kN, ZYK_10_2: 60,0 kN, ZYK_10_3: 61,5 kN) ebenfalls erreicht werden. Auch stimmen die Verschiebungen bei maximaler Horizontallast (für monotone Versuche u_{max} = 50 mm, für zyklische Versuche u_{max} = 55 mm) gut überein. Auffällige Minderungen der Traglast bei den Versuchen mit zyklischer Lastaufbringung würden auf ein nachteiliges Verhalten der Einzelelement-Bauweise bei wiederholter Belastung schließen lassen. Dies ist bei den durchgeführten Versuchen nicht erkennbar.

 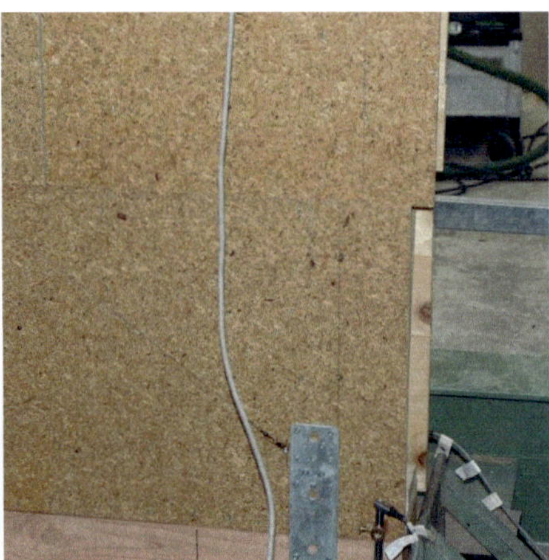

Bild 5-23:   Versagen des Prüfkörpers ZYK_10_1, Ausziehen der Verbindungsmittel in horizontaler Fuge (links), Verschiebung der ersten Fuge (rechts)

Das Versagen der Versuchswände unter zyklischer Lastaufbringung erfolgt durch das Ausziehen der Verbindungsmittel in der horizontalen Elementfuge (Bild 5-23 (links)). Hierbei weitet sich der Endbereich der Wand im Bereich der eingeschobenen Stiele am stärksten auf. Durch die Lage der Stiele am äußeren Ende der Wand und durch die Befestigung mit jeweils zwei Schrauben kann bereits bei geringen Verschiebungsstufen ein Verdrehen der halben Elemente in der zweiten Elementreihe beobachtet werden. Durch die Auflast von 10 kN/m bildet sich als Versagensmechanismus der in Bild 3-3 c) beschriebene „Shear Cantilever Mechanism" aus, wobei die Schubverformung der Wandscheibe sich als horizontale Verschiebung zwischen den einzelnen Elementreihen darstellt. Die Fuge zwischen der ersten und der zweiten Elementreihe ist hierbei am stärksten beansprucht. Die Elemente der zweiten Reihe verschieben sich gegenüber der ersten Elementreihe deutlich in horizontaler Richtung (Bild 5-23 (rechts)).

Bild 5-24: Klammerauszug in der untersten Elementfuge beim Versuch PO_10_2 (links) Klammerauszug beim Versuch PO_10_3 (rechts)

5.2.5.2 Versuche ZYK_0_1, ZYK_0_2, ZYK_0_3

Bei den Versuchen ohne zusätzliche Auflast lastete nur das Gewicht des Lastverteilers auf der Versuchswand (1 kN/m, vgl. PO_0_1), die Kolben und die Rollschlitten berührten den Lastverteiler nicht.

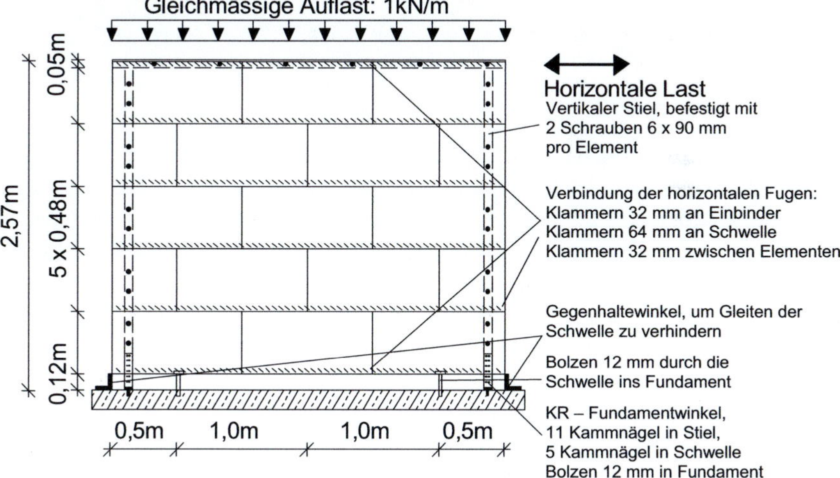

Bild 5-25: Versuchsaufbau ohne zusätzliche Auflast

Bild 5-25 zeigt den Versuchsaufbau für die Wandscheibenversuche ohne zusätzliche Auflast. Analog zu den Versuchen mit monotoner Auflast waren auf der

Bretterseite zusätzlich Lochbleche aufgenagelt, die einen Teil der Zugkräfte vom Fundamentwinkel abnehmen sollten. Bild 5-16 zeigt die Position des Lochblechs.

Die Ergebnisse der Versuche ohne zusätzliche Auflast sind in Abschnitt 9 (Anhang) in Bild 9-8, Bild 9-9 und Bild 9-10 sowie in Tabelle 15, Tabelle 16 und Tabelle 17 dargestellt.

Bild 5-26:　　Versagensbild der Versuche ohne zusätzliche Auflast

Wie bei den vorangegangenen Versuchen fiel die gute Übereinstimmung der erreichten Höchstlasten von der monotonen Versuche und der zyklischen Versuche auf. Während bei den monotonen Versuchen eine durchschnittliche horizontale Traglast von 49,7 kN erreicht wurde, konnte in den Versuchen mit zyklischer Lastaufbringung eine durchschnittliche maximale Traglast von 46,8 kN erreicht werden. Traglastminderungen aufgrund des Aufbaus der Systembauweise oder nachteiliges Verhalten der Klammerverbindung konnten nicht beobachtet werden.

Die maximal aufnehmbare Verschiebung bei Höchstlast betrug in den Versuchen mit monotoner Lastaufbringung im Durchschnitt 34,5 mm, diese lag bei den Versuchen mit zyklischer Lastaufbringung deutlich höher (ZYK_0_1: 52,9mm, ZYK_0_2: 55,0 mm, ZYK_0_3: 68,8 mm). Die Versuche unter zyklischer Last zeigen im Vergleich zu den Versuchen mit monotoner Last ein wesentlich duktileres Verhalten, was für die Erdbebenbemessung positiv ist.

Das Versagensbild der Versuche ohne zusätzliche Auflast ist in Bild 5-26 zu erkennen. Ohne oder nur mit geringen Auflasten wird sich als Versagensbild der in

Bild 3-3 c) dargestellte Fall des Shear Cantilever Mechanisms ausbilden. Dieser Mechanismus tritt dort auf, wo vergleichsweise geringe Auflasten vorhanden sind. Die Bodenverankerung ist für diesen Fall der Auflast ausreichend dimensioniert, die Schwelle und auch der angeschlossene Bodenverankerungswinkel zeigen keine Schädigung. Die Verformungen der Wand infolge Abheben können daher nicht wie in Bild 3-3 gezeigt auftreten, sondern die Zugkräfte beanspruchen die Fugen zwischen den Elementen. Das Versagen entsteht durch Klammerauszug aus den horizontalen Fugen. Bei den durchgeführten war Versuchen ein treppenförmiges Versagen zu sehen, bei einem Versuch (ZYK_0_3) trat das Versagen in eine Belastungsrichtung treppenförmig, in der anderen Belastungsrichtung durch das komplette Aufreißen der untersten Fuge ein. Die Nägel des Bodenverankerungs-winkels konnten in allen Fällen das Abheben der Stiele von der Schwelle nicht verhindern.

5.2.5.3 Versuche ZYK_20_1, ZYK_20_2, ZYK_20_3

Die im monotonen Versuch PO_20_1 erreichte Traglast von 76,8 kN konnte bei den Versuchen mit zyklischer Lastaufbringung annähernd erreicht werden. Die horizontalen Tragfähigkeiten der einzelnen Versuche von 71,1 kN (ZYK_20_1), 72,7 kN (ZYK_20_2) und 69,1 kN (ZYK_20_3) belegen wiederum keinen signi-fikanten Abfall der Traglast von monotonem zu zyklischem Versuch.

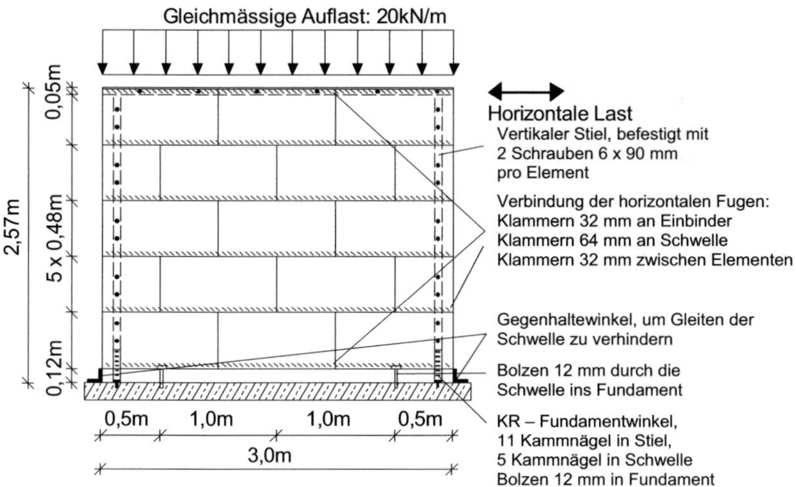

Bild 5-27:   Versuchsaufbau mit zusätzlicher Auflast 20 kN/m

Das Versagensbild eines Versuches mit zusätzlicher Auflast 20 kN/m zeigt Bild 5-28. Aufgrund der hohen Auflast bildet sich eine Schubverformung des Prüfkörpers aus, die sich durch die Elementbauweise jedoch nicht als Verzerrung des gesamten Prüfkörpers darstellt, sondern sich in einer großen Verschiebung der ersten Elementfuge zeigt.

Bild 5-28:   Versagensbild eines Versuches mit zusätzlicher Auflast 20 kN/m (links), Verschiebungen in der untersten Fuge (rechts)

Nach dem Überschreiten der aufnehmbaren Höchstlast zeigt sich ein deutlicher Traglastabfall, jedoch kein strukturelles Versagen der Wand. Es werden weiterhin große Verschiebungen aufgenommen, die den unruhigen Verlauf der Last-Verschiebungshysteresen verursachen. Die erste Fuge gleitet hin und her, durch die große Reibung bewegen sich die oberen vier Elementreihen ruckartig auf der ersten Elementreihe. Bild 5-28 (links) zeigt das Versagensbild eines Versuches mit zusätzlicher Auflast 20 kN/m, bei dem die geschädigte erste Fuge deutlich erkennbar ist. In der rechten Bildhälfte ist die Verschiebung im Detail dargestellt.

5.2.5.4 Versuche ZYK_KIES_10_1, ZYK_KIES_10_2

Zum Abschluss der Versuchsdurchführung an den Systemwänden wurden zwei Versuche mit einer Kiesfüllung der Stegzwischenräume durchgeführt. Eine Füllung der Wände mit gewaschenem Flusskies wird aus bauphysikalischen Gründen bereits bei Innenwänden eingesetzt. Durch die Füllung mit einem offenporigen Material, welches zudem eine hohe Rohdichte aufweist, verbessert sich der Schallschutz im Gebäude und es entsteht ein zusätzlicher Wärmespeicher.

In diesen Versuchen sollte eine Füllung aussteifender Wände bzw. von Außenwänden mit Flusskies untersucht werden. Durch die Reibung zwischen den Kieselsteinen wird bei zyklischer Belastung ein weiterer Mechanismus der Energiedissipation aktiviert. Weiterhin wird zusätzliche Masse in die Wände eingebracht, was speziell bei niedrigen Gebäuden deren Verhalten bei hohen Windlasten begünstigt. Die zusätzlich eingebrachte Masse entlastet die Bodenverankerung bei hohen Windlasten. Bei schweren Stürmen wird ein großer Teil der Schäden an Gebäuden durch umher fliegende Teile verursacht. Ein weiterer Vorteil der Füllung ist in diesem Fall die erhöhte Sicherheit gegen das Durchschlagen der Wand durch umher fliegende Teile.

Die Füllung der Wände wurde mit gewaschenem Flusskies mit einem Größtkorn von 16 mm hergestellt. Es wurden 14 Zwischenräume mit den Abmessungen 0,09 x 0,21 x 2,33 m gefüllt. Bei einer angenommenen Rohdichte des Materials von 1,8 to/m^3 ergibt sich so eine zusätzliche Masse von 1,11 to.

Die Befüllung der Wände für Versuche mit Kiesfüllung erfolgte durch die Mitarbeiter der VA SHS. Der Kies wurde mit einem Trichtersystem von oben in die Wände eingefüllt und durch Schläge mit einem Gummihammer auf die Wandoberfläche verdichtet. Eine zusätzliche Auflast von 10 kN/m wurde auf die Wände aufgebracht.

Bild 5-29:   Blockieren der Fuge durch eingeklemmte Flusskiesel (links), Ausrieseln der Flusskiesel bei höheren Verschiebungen (rechts)

Der Versuchsaufbau entspricht dem in Bild 5-22 gezeigten Versuchsaufbau für Wände mit einer Auflast von 10 kN/m. Die Ergebnisse der Versuche sind in Bild 9-17 und in Bild 9-18 sowie Tabelle 24 und Tabelle 25 dargestellt.

Bei der Versuchsdurchführung fiel auf, dass die erreichten Höchstlasten der Wände mit Kiesfüllung nahezu identisch mit den Höchstlasten der Wände ohne Kiesfüllung waren. Die hierbei erreichten Verschiebungen waren für die Wände mit Kiesfüllung allerdings geringer. Nachdem die Fugen zwischen den Spanplatten geöffnet waren, drangen Kieselsteine in die Fugen ein und blockierten diese (Bild 5-29 (links)). Bei der wiederholten Belastung führt dieses Verhalten zu einer signifikanten Minderung der aufnehmbaren Verschiebung. Bei größeren Verschiebungen klaffen die Elementfugen so weit auseinander, dass die Kiesel nach außen rieseln (Bild 5-29 (rechts)).

5.3 Versuche an Holztafelbauwänden

5.3.1 Versuchsaufbau

Die Bereitstellung und Lieferung der Materialien für die Versuche an Holztafel-bauwänden erfolgte ebenfalls durch die Firma HIB-Elemente GmbH. Um einen möglichst genauen Vergleich der Eigenschaften von Holztafelbauwänden mit den HIB-Systemwänden unter horizontalen Lasten zu erhalten, wurde versucht, die Abmessungen der beiden Versuchsaufbauten möglichst ähnlich zu gestalten. Es wurden Stiele aus Konstruktionsvollholz (KVH) mit dem Querschnitt 60 x 140 mm verwendet. Die Beplankung mit OSB 3-Platten der Dicke 15 mm führt für die Holztafelbauwände zu einer Wanddicke von 155 mm für einseitige Beplankung und zu einer Wanddicke von 170 mm für beidseitige Beplankung.

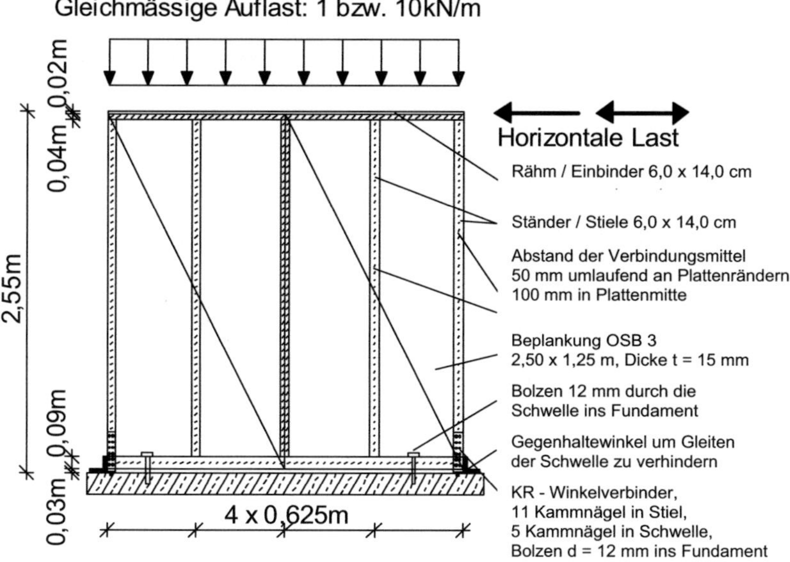

Bild 5-30:   Geometrie und Systembeschreibung der Holztafelbauwände

Die Schwelle wurde in Anlehnung an die HIB-Systemwände aus Douglasie mit den Abmessungen 120 x 140 mm ausgeführt. Die Beplankung wurde an der Schwelle mit einem vertikalen Abstand von 30 mm zum Boden befestigt, um bei einer

Verdrehung der Wand die Berührung der Beplankungstafel mit dem Boden und eine daraus resultierende Verfälschung der Ergebnisse zu vermeiden. Die Länge der Stiele wurde mit 2,37 m so gewählt, dass sich bis zum oberen Abschluss der Wand ein Abstand von 20 mm ergibt, ebenfalls um bei einer Verdrehung der Beplankungstafel die Verfälschung der Ergebnisse zu verhindern.

Die Länge der Versuchswände betrug bei den HIB-Systemwänden 3,0 m. Die Länge der Versuchswände bei den Holztafelbauwänden wurde auf 2,5 m verkürzt. Die Standardabmessungen der Beplankungstafeln betragen 1,25 x 2,5 m, so können zwei Beplankungstafeln mit nur einem senkrechten Stoß in der Mitte verwendet werden. Die alternative Ausführung einer Holztafelbauwand der Länge 3,0 m hätte eine dritte, kleinere Beplankungstafel zur Vervollständigung erfordert, weiterhin hätte aus Symmetriegründen das im Holztafelbau übliche Rastermaß von 62,5 cm geändert werden müssen. Zum Vergleich der Ergebnisse kann die Tragfähigkeit pro Längeneinheit herangezogen werden.

Die Beplankungstafeln waren mit der Unterkonstruktion mit Klammern Kl 1,53 x 64 mm verbunden, an den Plattenrändern wurde ein Abstand der Verbindungsmittel untereinander von 50 mm gewählt, im Feld betrug der Abstand der Verbindungsmittel 100 mm. Tabelle 3 enthält eine Übersicht über die mit Holztafelbauwänden durchgeführten Versuche.

Die Bodenverankerung der Wände wurde analog zu den Versuchen an der Systembauweise mit zwei Bolzen d = 12 mm durch die Schwelle sowie durch an beiden Enden der Wand angebrachte Winkelverbinder 80 x 285 mm (Simpson Strong - Tie Winkelverbinder KR 285L) hergestellt. Um ein Gleiten der Schwelle auf der Prüfmaschine zu verhindern, waren an beiden Seiten der Schwelle Gegenhaltewinkel angebracht.

Tabelle 3:   Übersicht über die durchgeführten Versuche mit Holztafelbauwänden

	Beplankung	Auflast	Lastaufbringung
HRB_PO_ein_10_1	Einseitig	10 kN/m	Monoton
HRB_ZYK_ein_10_1	Einseitig	10 kN/m	Zyklisch
HRB_PO_zwei_0_1	Zweiseitig	1 kN/m	Monoton
HRB_ZYK_zwei_0_1	Zweiseitig	1 kN/m	Zyklisch
HRB_PO_zwei_10_1	Zweiseitig	10 kN/m	Monoton
HRB_ZYK_zwei_10_1	Zweiseitig	10 kN/m	Zyklisch

5.3.2   Versuche mit monotoner Lastaufbringung

Holztafelbauwand, einseitige Beplankung, Auflast 10 kN/m

Die HIB-Systembauweise wird nur auf der Gebäudeinnenseite durch Klammern verbunden. Die Elemente werden hierbei lediglich in den horizontalen Fugen, nicht jedoch in den vertikalen Fugen verbunden. Die Tragwirkung einer so hergestellten Beplankung kann nicht die Tragwirkung einer durchgehenden Beplankung erreichen. Gegenstand zweier Versuche war daher die Prüfung von einseitig beplankten Holztafelbauwänden, um einen ersten Vergleich zu erhalten.

Bild 5-31:   Holztafelbauwand vor dem Versuch (links) Versagen der Beplankung auf der Zugseite (Mitte) sowie auf der Druckseite (rechts)

Dem Versagen der Versuchswand gingen große Verformungen durch das Herausziehen der Klammern und damit verbundenem Verdrehen der Beplankung voraus. Durch die Verankerung der Versuchswand auf der Druckseite mit einem Fundamentwinkel war die Rotation der Beplankung an dieser Stelle unterbunden, was zu einem Druckversagen der Beplankung in dieser Ecke der Wand führte. Beim Erreichen der Höchstlast von F_{max} = 50,3 kN riss die Beplankung auf der Zugseite der Wand ab. Anschließend konnte die Wand jedoch weiterhin Verformungen aufnehmen, da die Nägel auf der Zugseite der Wand noch nicht vollständig aus der Randrippe herausgezogen waren.

Holztafelbauwand, beidseitig beplankt, Auflast 10 kN/m

Um das System in Elementbauweise mit einer marktüblichen Holzbauweise vergleichen zu können, wurde ein Versuch mit einer beidseitig beplankten Holztafelbauwand mit der Auflast 10 kN/m durchgeführt. Die Geometrie dieses

Versuchskörpers zeigt Bild 5-30, die Ergebnisse sind in Bild 9-7 sowie in Tabelle 4 dargestellt.

Die beidseitig beplankte Wand war erwartungsgemäß deutlich steifer als die einseitig beplankte Versuchswand. Das Versagen trat analog zur einseitig beplankten Wand durch den Abriss der Beplankung auf der Zugseite oberhalb des Fundamentwinkels (Bild 5-32) bei einer horizontalen Last von $F \approx 56\,\text{kN}$ auf. Nach dem einseitigen Abriss der Beplankung konnte eine weitere Laststeigerung erfolgen. Hierbei übernahm die Beplankung der anderen Seite die auftretenden Zugkräfte bis zu einer maximalen horizontalen Last von $F_{max} = 63{,}0\,\text{kN}$. Bei dieser Last waren deutliche Verdrehungen der Beplankung auf der dem Fundamentwinkel abgewandten Seite zu erkennen, die verwendeten Klammern wurden bereits deutlich in die Beplankung eingezogen bzw. aus der Unterkonstruktion heraus-gezogen. Nach dem Versuch wurde die Wand auseinandergebaut. Hierbei konnte ein Querzugversagen der Schwelle auf der ganzen Länge beobachtet werden. Weiterhin konnten starke Eindrückungen unter der Unterlegscheibe der Fundamentdübel beobachtet werden, siehe Bild 5-32 (Mitte) und (rechts). Die Kombination aus Aufreißen der Schwelle sowie den starken Querdruck-verformungen unter den Unterlegscheiben bewirkten, dass die Beplankung auf dieser Seite nicht ebenfalls auf Zug versagt hat.

Bild 5-32:   Holztafelbauwand mit beidseitiger Beplankung, Abriss der Beplankung auf der Zugseite (links), Querzugversagen der Schwelle (Mitte), Eindrückungen unter Unterlegscheibe Fundamentdübel (rechts)

Holztafelbauwand, beidseitig beplankt, Auflast 1 kN/m

Der abschließende Versuch mit der Holztafelbauweise unter monotoner Belastung wurde mit einer Auflast von 1 kN/m durchgeführt, um auch für geringe Auflasten einen Vergleich zur Elementbauweise ziehen zu können.

Da das Versagen unter geringen Auflasten analog zu den beiden vorherigen Versuchen (Zugversagen der Beplankung) zu erwarten war, wurde der Versuchsaufbau dahingehend geändert, die Zugkraft zu einem höheren Anteil über den Fundamentwinkel abzutragen. Ein handelsüblicher Fundamentwinkel wurde hierzu mit einem Lochblech eines zweiten Fundamentwinkels verlängert, um die Anzahl der Nägel in der Zugrippe zu verdoppeln (Bild 5-33 (links)). Das Zugversagen der Beplankung konnte durch diese Maßnahme dann auch verhindert werden, bis zum Erreichen der Höchstlast von $F_{max} = 63,1$ kN konnte kein Versagen der Beplankung beobachtet werden.

Bild 5-33:   Verlängerter Fundamentwinkel (links), Durchstanzen der Schraube (Mitte), Abheben des Stiels (rechts)

Der verlängerte Winkel zeigte sich in der Lage, die auftretenden Zugkräfte so gut in die Versuchswand einleiten zu können, dass die Befestigungsschraube zum Fundament durch das Blechformteil hindurch gezogen wurde (Bild 5-33 (Mitte)). Weiterhin zeigte sich lokales Querzugversagen der Schwelle an der Stelle der Lasteinleitung. Die unteren Nägel des Fundamentwinkels reichen in die Schwelle, um die Lastweiterleitung in die Rippe zu ermöglichen, an dieser Stelle spaltete die Schwelle auf.

5.3.3   Versuche mit zyklischer Lastaufbringung

Um abschließend einen Vergleich der Energiedissipation zwischen Elementbauweise und Holztafelbauweise zu ermöglichen, wurden die in Tabelle 3 beschriebenen Versuchswände zyklisch belastet. Der Versuchsaufbau wurde entsprechend Bild 5-30 gewählt, wie bei den vorher durchgeführten Versuchen mit monotoner Lastaufbringung wurde eine Wand mit einseitiger Beplankung sowie zwei Wände mit beidseitiger Beplankung geprüft.

Holztafelbauwand, einseitige Beplankung, Auflast 10 kN/m

Ähnlich den Versuchen mit monotoner Lastaufbringung trat das Versagen der Versuchswand durch den Abriss der Beplankung in der jeweilig auf Zug beanspruchten Ecke ein. Die bei den Versuchen mit zyklischer Lastaufbringung erreichte horizontale Traglast von $F_{max,Zug}$ = +50,5 kN bzw. $F_{max,Druck}$ = -49,6 kN stimmt mit der im monotonen Versuch erreichten Traglast von F_{max} = 50,3 kN gut überein.

Bild 5-34   Fundamentwinkel mit ausgezogenen Verbindungsmitteln, Lockerung der Beplankung an Schwelle (links), ausgezogene Klammern an der Schwelle (rechts)

Die Versuchsergebnisse für diesen Versuch sind in Bild 9-19 sowie Tabelle 26 wiedergegeben.

Holztafelbauwand, beidseitige Beplankung, Auflast 10 kN/m

Bei diesen Versuchen trat das Versagen ebenfalls durch das Zugversagen der Beplankung auf der Seite des Fundamentwinkels ein. Die im monotonen Versuch erreichte horizontale Traglast von F_{max} = 63,0 kN konnte im Versuch mit zyklischer Lastaufbringung auf $F_{max,Zug}$ = +69,2 kN bzw. $F_{max,Druck}$ = -66,2 kN gesteigert werden. Wiederum war der Auszug der Verbindungsmittel an der Schwelle zu beobachten.

Holztafelbauwand, beidseitige Beplankung, Auflast 1 kN/m

Wie beim Versuch mit monotoner Lastaufbringung wurde bei diesem Versuch der Fundamentwinkel verlängert (Bild 5-33), daraus resultierend konnte bei diesem Versuch kein Versagen der Beplankung festgestellt werden. Wiederum wurde die Schraube zur Fundamentbefestigung durch das Blech des Fundamentwinkels durchgezogen, durch die zyklische Belastung wurde der Fundamentwinkel vor seinem Versagen stark verbogen. Die im monotonen Versuch erreichte horizontale Traglast von F_{max} = 63,1 kN konnte im Versuch mit zyklischer Lastaufbringung auf

$F_{max,Zug}$ = +77,2 kN gesteigert werden, während die maximale Horizontallast $F_{max,Druck}$ = - 61,2 kN allerdings geringer war.

Bei den meisten Versuchen lässt sich beobachten, dass die erreichten Traglasten bei zyklischer Belastung in Zugrichtung höher sind als in Druckrichtung. Die Begründung liegt in der Tatsache, dass die zuerst aufgebrachte Belastung diejenige in Zugrichtung ist, der Prüfkörper bei Belastung in dieser Richtung somit keine Vorschädigung aufweist. Bei der Belastung in die entgegen gesetzte Richtung ist der Prüfkörper dann aber vorgeschädigt, was zur geringeren horizontalen Traglast in dieser Richtung führt.

5.4 Analyse und Vergleich der Versuchswände

5.4.1 Versuche mit monotoner Belastung

Tabelle 4 gibt einen Überblick über alle durchgeführten Versuche mit monotoner Lastaufbringung („Push-Over-Versuche")

In der Tabelle angegeben sind die erreichten Höchstlasten F_{max}, die Verschiebungen u_{max} bei den erreichten Höchstlasten, die Verschiebung bei 80 % der Maximallast $u_{80\%Fmax}$ sowie die erreichte Last bei einer Verschiebung von u = 5 mm. Weiterhin wurden die Steifigkeitskennwerte der Wand nach zwei normativen Grundlagen errechnet:

Steifigkeit nach DIN EN 594

$$R = \frac{1}{2} \cdot \left[\frac{F_4 - F_1}{v_{04} - v_{01}} + \frac{F_{24} - F_{21}}{v_{24} - v_{21}} \right] N\!\!\Big/\!mm \qquad (5)$$

Steifigkeit nach ISO/CD 21581

$$K = \frac{0,3 \cdot F_{max}}{v_{40\%F_{max}} - v_{10\%F_{max}}} N\!\!\Big/\!mm \qquad (6)$$

Tabelle 1 berücksichtigt die unterschiedlichen Wandlängen der Versuchswände. Während die Systemwände mit einer Länge von ℓ = 3,0 m geprüft wurden, betrug die geprüfte Wandlänge bei den Wänden in Holztafelbauweise ℓ = 2,5 m. Die erreichte Last bei einer Verschiebung u = 5 mm wurde ebenso auf die Wandlängen bezogen, wie die Steifigkeit R nach DIN EN 594.

Tabelle 4:   Versuchsergebnisse der monotonen („Push-Over") Versuche

Versuchs-bezeichnung	F_{max} in kN	u_{max} in mm	$U_{80\% Fmax}$ in mm	Last bei Verschiebung $u = 5$ mm	Steifigkeit R nach DIN EN 594	Steifigkeit K nach ISO/CD 21581	Kommentar
PO_0_1	47,4	35,2	42,7	16,0	3234,7	2693,1	Einbinder durchgeschoben (duktiles Verhalten)
PO_0_2	48,9	32,8	45,1	14,4	2691,1	2757,2	Klammern auch in vertikalen Fugen
PO_0_3	52,7	35,5		16,2	2682,8	2875,8	
Mittelwert	49,7	34,5	43,9	15,5	2869,5	2775,4	
PO_10_1	73,4	87,7	110,0	18,9	2815,9	2715,4	Zusätzliche Klammern in den Stegüberständen
PO_10_2	74,6	65,8	101,1	22,9	3419,5	3127,4	
PO_10_3	74,4	51,8	64,9	22,0	3625,6	3500,5	
Mittelwert	74,1	68,4	58,7	20,6	3287,0	3114,4	
PO_10_4	61,0	47,8	86,1	18,8	3625,6	2892,0	
PO_10_5	62,8	52,3	100,2	17,6	3465,0	2773,3	
Mittelwert	61,9	50,0	93,2	18,2	3545,3	2832,9	
PO_20_1	76,8	70,9	106,6	23,3	4341,5	3390,0	Einbinder durchgeschoben (sprödes Verhalten)
PO_20_2	47,4	19,4		19,8	3551,5	3625,1	Anschluss Stiel versagt spröde
PO_20_3	70,8	34,6		23,5	4817,0	3603,8	
Mittelwert	65,0	41,6		22,2	4236,7	3539,6	
HRB_ein_10_1	50,3	50,6	107,7	13,2	2570,2	1915,7	
HRB_zwei_0_1	63,1	45,8	54,3	16,3	2919,6	2400,2	
HRB_zwei_10_1	63,0	49,1	78,6	21,6	3375,1	3651,0	

Tabelle 5: Vergleich der monotonen („Push-Over") Versuche

Versuchs-bezeichnung	F_{max} in kN	Wand-länge in m	F_{max} bezogen auf Wand-länge in kN/m	Last bei Verschie-bung u = 5 mm	Last bei Ver-schiebung u = 5 mm bezogen auf Wand-länge in kN/m	Steifigkeit R nach DIN EN 594 in N/mm	Steifigkeit R nach DIN EN 594 bezogen auf Wandlänge in N/(mm*m)	Verhältnis zur Steifigkeit R bezogen auf HRB_zwei_10_1	Verhältnis zur Steifigkeit R bezogen auf Wandlänge und HRB_zwei_10_1
PO_0_1	47,4	3,0	15,8	16,0	5,3	3234,7	1078,2	95,8 %	79,9 %
PO_0_2	48,9	3,0	16,3	14,4	4,8	2691,1	897,0	79,7 %	66,4 %
PO_0_3	52,7	3,0	17,6	16,2	5,4	2682,8	894,3	79,5 %	66,2 %
Mittelwert	49,7		16,6	15,5	5,2	2869,5	956,5	85,0 %	70,9 %
PO_10_1	73,4	3,0	24,5	18,9	6,3	2815,9	938,6	83,4 %	69,5 %
PO_10_2	74,6	3,0	24,9	22,9	7,6	3419,5	1139,8	101,3 %	84,4 %
PO_10_3	74,4	3,0	24,8	22,0	6,7	3625,6	1208,5	107,4 %	89,5 %
Mittelwert	74,1		24,7	20,6	6,9	3287,0	1095,7	97,4 %	81,2 %
PO_10_4	61,0	3,0	20,3	18,8	6,3	3625,6	1208,5	107,4 %	89,5 %
PO_10_5	62,8	3,0	20,9	17,6	5,9	3465,0	1155,0	102,7 %	85,5 %
Mittelwert	61,9		20,6	18,2	6,1	3545,3	1181,8	105,0 %	87,5 %
PO_20_1	76,8	3,0	25,6	23,3	7,8	4341,5	1447,2	128,6 %	107,2 %
PO_20_2	47,4	3,0	15,8	19,8	6,6	3551,5	1183,8	105,2 %	87,7 %
PO_20_3	70,8	3,0	23,6	23,5	7,8	4817,0	1605,7	142,7 %	118,9 %
Mittelwert	65,0		21,7	22,2	7,4	4236,7	1412,2	125,5 %	104,6 %
HRB_ein_10_1	50,3	2,5	20,1	13,2	5,3	2570,2	1028,1	76,2 %	76,2 %
HRB_zwei_0_1	63,1	2,5	25,2	16,3	6,5	2919,6	1167,8	86,5 %	86,5 %
HRB_zwei_10_1	63,0	2,5	25,2	21,6	8,6	3375,1	1350,0	100,0 %	100,0 %

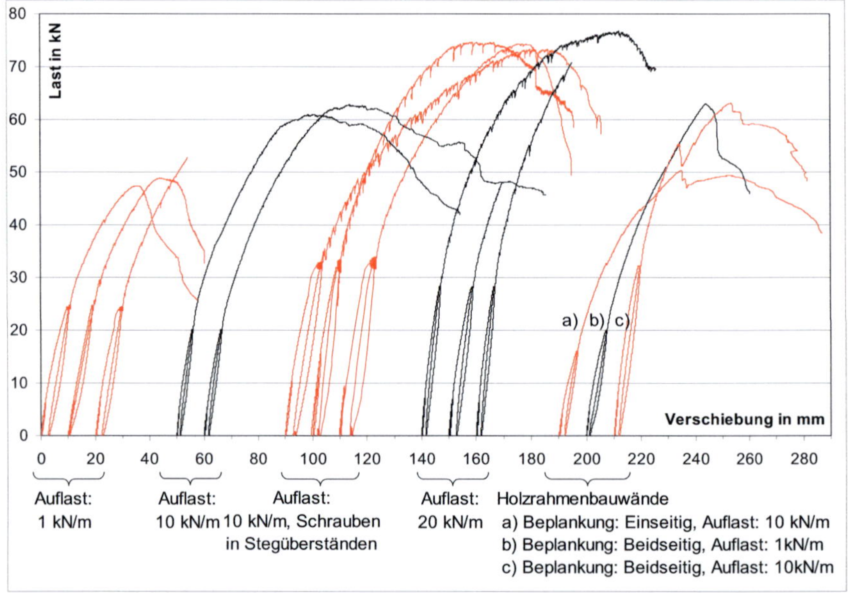

Bild 5-35:   Ergebnisse aller Versuche mit monotoner Lastaufbringung, horizontale Last in kN

Um einen Vergleich zwischen HIB-Elementbauweise und der Holztafelbauweise ziehen zu können, wurde die Holztafelbauwand mit einer beidseitigen Beplankung und Auflast 10 kN/m als Referenz angenommen. Bezogen auf die geprüfte Wandlänge erreicht die Wand in Holztafelbauweise demnach eine Steifigkeit von 100 %, während der durchschnittliche Wert für die Elementbauweise mit 87,5 % der Steifigkeit (PO_10_4, PO_10_5) somit um 12,5 % geringer ist.

Ein Vergleich zu den Wänden mit Schrauben in den Stegüberständen (PO_10_1, PO_10_2, PO_10_3) ergibt einen prozentualen Anteil von 81,2 %. Die Versuche mit Schrauben in den Stegüberständen wurden allerdings mit der veralteten Schwelle durchgeführt, somit fällt der Vergleich zur Holzrahmenbauwand schlechter aus, als bei den Versuchen ohne Schrauben in den Stegüberständen. Der Unterschied in den Steifigkeiten der Versuchswände gibt allerdings deutlich den Einfluss der verbesserten Schwellengeometrie wieder, dies ist in Abschnitt 5.2.4.2 ausführlich beschrieben.

An den Unterschieden in der Steifigkeit der Versuchswände kann für die HIB-Elementbauweise auch die Wichtigkeit der Verankerung der Stiele direkt abgelesen werden. Korrekt verankerte Stiele sind die Grundvoraussetzung für die Ableitung der entstehenden Zugkräfte ins Fundament. Nur unter dieser Voraussetzung kann ein steifes Verhalten der Wand erreicht werden.

Bild 5-35 und Bild 5-36 zeigen die Versuchsergebnisse im Last – Verschiebungsdiagramm, wobei Bild 5-35 wiederum die absolute Last angibt, Bild 5-36 die Last auf die Wandlänge bezieht.

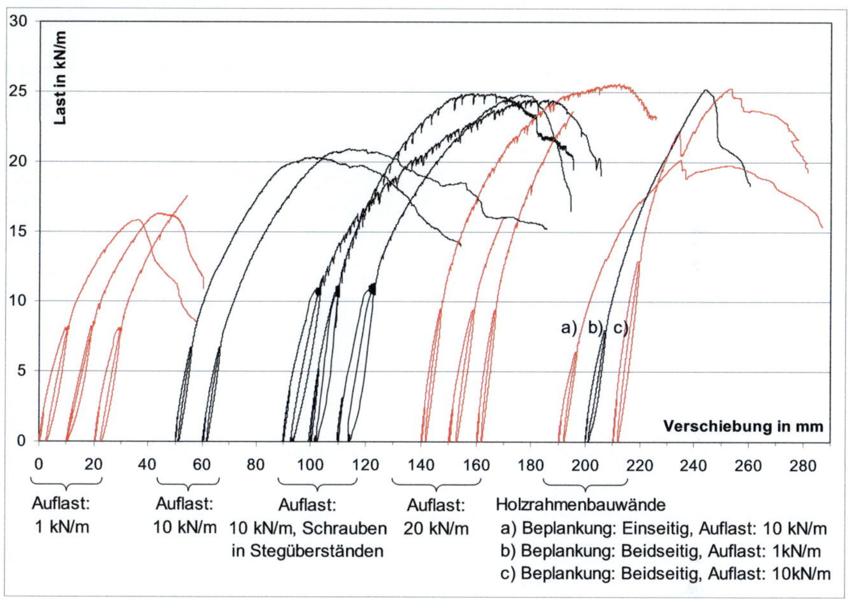

Bild 5-36:   Ergebnisse aller Versuche mit monotoner Lastaufbringung bezogen auf Wandlänge, horizontale Last in kN/m

5.4.2   Versuche mit zyklischer Belastung

Die Ergebnisse der Versuche mit zyklischer Lastaufbringung sind in Tabelle 15 bis Tabelle 25 und in Bild 9-8 bis Bild 9-18 dargestellt. Die tabellarische Auswertung der Versuche erfolgte nach ISO/CD 21581, das äquivalente hysteretisches Dämpfungsmaß wurde nach DIN EN 12512 ermittelt.

Einen Überblick über das äquivalente hysteretische Dämpfungsmaß gibt Tabelle 6.

Tendenziell ähnliche Werte wie bei der Holztafelbauweise können bei der Einzelelement-Bauweise mit der geringen Auflast 1 kN/m festgestellt werden.

Auflasten von 10 kN/m führen bei der Elementbauweise im ersten Schleifendurchlauf schon zu einem deutlichen Anstieg auf v_{ed} = 13,9 % ÷15,7 %, im zweiten und dritten Durchlauf können weiterhin hohe Werte von v_{ed} =14,1 % ÷14,8 % bestimmt werden. Die Schädigung des Prüfkörpers durch die vorangegangene Belastung scheint keinen wesentlichen Einfluss auf das äquivalente hysteretische Dämpfungsmaß zu haben. Bei einer Auflast von 20 kN/m zeigt sich ähnliches Verhalten, wiederum kann beim zweiten und dritten Schleifendurchlauf keine Verminderung von v_{ed} festgestellt werden.

Das äquivalente hysteretische Dämpfungsmaß wurde für die Versuchswände bei jeweils 100 % der beim monotonen Versuch ermittelten Maximalverschiebung ausgewertet.

Der Vergleich der Energiedissipation soll analog zu den Versuchswänden mit monotoner Belastung an der beidseitig beplankten Holztafelbauwand mit Auflast 10 kN/m erfolgen. Während im ersten Schleifendurchlauf bei der Holztafelbauwand äquivalente hysteretische Dämpfungsmaße v_{ed} = 10,9 % ÷ 12,9 % gemessen wurden, sanken die Werte im zweiten und dritten Schleifendurchlauf aufgrund der vorangegangen Schädigung der Versuchswände auf v_{ed} = 7,5 % ÷ 9,2 %. Diese Werte liegen im für die Holztafelbauweise bekannten Rahmen.

Tabelle 6:   Vergleich des äquivalenten hysteretischen Dämpfungsmaßes ausgewählter Versuche

Versuch	System	Auflast in kN/m	Bemerkung	Äquivalentes hysteretisches Dämpfungsmaß 1. Schleifendurchlauf	Äquivalentes hysteretisches Dämpfungsmaß 2. und 3. Schleifendurchlauf
1	Einzelelement-Bauweise	1		10,9 % - 11,0 %	8,6 % - 9,5 %
2	Einzelelement-Bauweise	10		13,9 % - 15,7 %	14,1 %- 14,8 %
3	Einzelelement-Bauweise	20		12,5 % - 15,3 %	12,9 % - 17,5 %
4	Einzelelement-Bauweise	10	Kiesfüllung	22,4 % - 32,2 %	29,6 % - 33,8 %
5	Holztafelbau	10		10,9 % - 12,9 %	7,5 % - 9,2 %
Die äquivalenten hysteretischen Dämpfungsmaße wurden bei einer Verschiebung von u_{max} = 100 % der im Vorversuch gemessenen Maximalverschiebung bestimmt.					

Die Kiesfüllung der Wände in Einzelelement-Bauweise soll an dieser Stelle gesondert betrachtet werden. Aufgrund der Reibung der einzelnen Steine aneinander und des so geschaffenen zusätzlichen Mechanismus zur Energiedissipation kann die Wand nur schwer mit einer bekannten Bauweise verglichen werden. Die Werte für das äquivalente hysteretische Dämpfungsmaß steigen schon im ersten Schleifendurchlauf auf über 32 % an, die hohen Werte werden im zweiten und dritten Schleifendurchlauf bestätigt. Da die Kiesfüllung bereits in Bauten zur Verbesserung der bauphysikalischen Eigenschaften von Innenwänden eingesetzt wird, ist ein Einsatz für Außenwände durchaus denkbar.

6 Zusammenfassung und Ausblick

Die HIB-Elementbauweise sollte in diesem Forschungsvorhaben hinsichtlich ihrer Eigenschaften bei Erdbeben- und Sturmbelastungen geprüft und verbessert werden. Ziel der Entwicklung war die Einordnung des Wandbausystems in die Duktilitätsklasse 3, welche für eine hohe Energiedissipationsfähigkeit steht. An der Versuchsanstalt für Stahl, Holz und Steine wurde hierzu ein Prüfrahmen für Wandscheibenversuche errichtet. Die Bauweise wurde mit Versuchen an den einzelnen Elementen und Versuchen an ganzen Wandscheiben untersucht.

Durch den Aufbau der Wände mittels kleinformatigen Elementen fiel der Untersuchung des Verbindungsbereiches zwischen den Elementen besonderes Augenmerk zu. Zur Untersuchungen der Eigenschaften dieses Verbindungsbereiches („Elementfuge") wurden insgesamt 34 Versuche an Druckscherkörpern durchgeführt. Die Ergebnisse dieser Versuche können als Grundlage für die Berechnung der Traglasten des Fugenbereichs unter ausschließlich horizontaler Last dienen.

Um die Eigenschaften ganzer Wandscheiben bei einer Belastung in deren Ebene, wie Sie bei Erdbeben- und Sturmlasten auftritt, untersuchen zu können, wurden insgesamt 22 Versuche an Wänden in HIB-Bauweise durchgeführt.

Hierbei wurden 11 Versuche mit monotoner Lastaufbringung zur Bestimmung der aufnehmbaren Höchstlast und zur Ermittlung der Steifigkeit durchgeführt. Die Ergebnisse dieser Versuche sind in Bild 5-35 und Bild 5-36, Tabelle 4 und Tabelle 5 sowie in Bild 9-3 und Bild 9-6 dargestellt.

Weiterhin wurden 11 Versuche mit zyklischer Lastaufbringung zur Ermittlung der Energiedissipation der Bauweise durchgeführt. Die Ergebnisse dieser Versuche sind in Tabelle 15 bis Tabelle 25 und in Bild 9-8 bis Bild 9-18 dargestellt.

Sowohl die Versuche mit monotoner als auch die Versuche mit zyklischer Lastaufbringung wurden mit verschiedenen vertikalen Auflasten durchgeführt, um den Einfluss der Auflast zu verdeutlichen und diese für eine Bemessung berücksichtigen zu können.

Um den Vergleich zwischen der Elementbauweise und einem konventionellen Holzbausystem zu ermöglichen, wurden 6 Vergleichsversuche an Holztafelbauwänden durchgeführt. Wiederum 3 Versuche wurden mit monotoner und 3 Versuche mit zyklischer Lastaufbringung durchgeführt.

Alle Versuche wurden nach der ISO/CD 21581 durchgeführt und ausgewertet. Dieser Internationale Normentwurf stellt die erste einheitliche Versuchsvorschrift für sowohl monotone als auch zyklische Versuche an Wandscheiben dar. Das der ISO/CD 21581 zugrunde liegende Belastungsprotokoll für die monotonen Versuche ist der DIN EN 594 entnommen, das Belastungsprotokoll für die zyklischen Versuche ist der ISO 16670 entnommen. ISO/CD 21581 enthält (noch) keine Angaben zur Bestimmung der Energiedissipation, um eine Aussage über die währen des Versuches dissipierte Energie zu erhalten, wurde das äquivalente hysteretische Dämpfungsmaß nach DIN EN 12512 verwendet.

Im längenbezogenen Vergleich zu einer Holztafelbauwand unter einer Auflast von 10 kN/m erreichte die HIB-Elementbauweise unter monotoner Belastung eine etwa um 20 % geringere Steifigkeit. Die aufnehmbare Höchstlast pro Meter Wandlänge war allerdings nahezu identisch. Durch gezielte Maßnahmen an den in den Versuchen beobachteten Schwachstellen (z.B. bessere Verankerung der Stiele) kann die Steifigkeit der Bauweise mit großer Wahrscheinlichkeit noch erhöht werden.

Unter zyklischen Belastungen konnte die Elementbauweise die hohen Erwartungen aus dem Vorfeld vollauf erfüllen. Während unter geringen Auflasten das äquivalente hysteretische Dämpfungsmaß dem der Holztafelbauweise ähnlich ist, stiegen die Werte für die äquivalente hysteretische Dämpfung unter höheren Auflasten an.

Die Einordnung von Tragwerken erfolgt entsprechend der deutschen Erdbebennorm DIN 4149:2005-04 in 3 Duktilitätsklassen. Wesentliches Kriterium bei der Einordnung eines Tragwerkes in eine Duktilitätsklasse, ist die Fähigkeit der verwendeten Verbindungsmittel, Energie zu dissipieren. So dürfen z.B. der Duktilitätsklasse 3 Tragwerke zugeordnet werden, die „viele dissipative Bereiche mit stiftförmigen Verbindungsmitteln besitzen", also über ein gutmütiges Verhalten unter Erdbebenlasten verfügen. Hier ist explizit die Holztafelbauweise genannt. Für diese darf der Verhaltensbeiwert $q = 4$ angenommen werden, mit dem der Ingenieur die ermittelten Einwirkungen auf das Tragwerk abmindert und so geringere Ersatzlasten auf das Tragwerk ansetzen darf. Die europäische Erdbebennorm (Eurocode 8) gibt Auslegungskonzepte und daraus resultierend Duktilitätsklassen an. So dürfen „Genagelte Wandscheiben mit genagelten Schubfeldern mit Nagel- oder Schraubenverbindungen", (Holztafelbauweise) dem Auslegungskonzept „hohes Energiedissipationsvermögen" zugeordnet werden und daraus ein Verhaltensbeiwert $q = 5$ abgeleitet werden.

Die HIB – Elementbauweise zeigte im Rahmen dieses Forschungsvorhabens ein höheres Energiedissipationsvermögen als die Holztafelbauweise. Aus dieser Überlegung ist die Einordnung in die Duktilitätsklasse 3 nach DIN 4149:2005-04 bzw. die Annahme des Bemessungskonzeptes „hohes Energiedissipationsvermögen" gerechtfertigt. Hieraus lässt sich der Verhaltensbeiwert $q = 4$ für eine Bemessung nach DIN 4149 bzw. der Verhaltensbeiwert $q = 5$ nach Eurocode 8 ableiten.

7 Literatur

Ceccotti, A. (1995): Holzverbindungen unter Erdbebenbeanspruchungen. In: Holzbauwerke STEP 1 – Bemessung und Baustoffe. Hrsg.: Blaß, H.J., Görlacher, R., Steck, G., Fachverlag Holz, Düsseldorf.

Ceccotti, A.; Lauriola, M. P.; Pinna, M.; Sandhaas, C. (2006): SOFIE Project – Cyclic Tests on Cross-Laminated Wooden Panels. In: Proceedings of 2006 WCTE, Portland, Oregon

Dujic, B.; Aicher, S.; Zarnic, R. (2005): Investigations on in-plane loaded wooden elements – influence of loading and boundary conditions. In: Otto-Graf-Journal Vol. 16, 2005

Foliente, G. (1995): Hysteresis Modeling of Wood Joints and Structural Systems, ASCE 1995

Folz, B.; Filiatrault, A. (2001): Cyclic Analysis of Wood Shear Walls, ASCE 2001

Heiduschke, A. (2006): Seismic behavior of moment-resisting timber frames with densified and textile reinforced connections, Dissertation, Schriftenreihe Konstruktiver Ingenieurbau Dresden, Heft 7, Technische Universität Dresden, 2006

Karacabeyli, E.; Cecotti, A. (1996): Quasi-Static Reversed-Cyclic Testing of Nailed Joints. In: Proceedings of CIB W 18 Meeting, Bordeaux, France 1996

Schädle, P.; Blaß, H. J. (2008): Entwicklung eines erdbeben- und sturmsicheren Wandelementes. In: Doktorandenkolloquium Holzbau Forschung + Praxis März 2008, Tagungsband, Universität Stuttgart, Institut für Konstruktion und Entwurf

Schädle, P.; Blaß, H. J. (2008): Behaviour of prefabricated timber wall elements under static and cyclic loading. In: Proceedings of CIB-W18, Meeting fourty, St. Andrews, Canada, August 2008

Schädle, P.; Blaß, H. J. (2008): Untersuchungen an aussteifenden Wandscheiben in Einzelelement-Bauweise. In: Ingenieurholzbau Karlsruher Tage, Tagungsband, Universität Karlsruhe, Lehrstuhl für Ingenieurholzbau und Baukonstruktionen, Oktober 2008

Van de Lindt, J. W. (2004): Evolution of Wood Shear Wall Testing, Modeling, and Reliability Analysis: Bibliography. In Practice Periodical on Structural Design and Construction. Vol. 9, February 1, 2004

8 Verwendete Normen

ASTM E 2126 – 05: Standard Test Methods for Cyclic (Reversed) Load Test for Shear Resistance of Walls for Buildings; American Society for Testing and Materials (ASTM), 2005

ASTM E 564 – 00ε1: Standard Practice for Static Load Test for Shear Resistance of Framed Walls for Buildings; American Society for Testing and Materials (ASTM), 2000, Editorial change in March 2001

ASTM E 72 – 05: Standard Test Methods of Conducting Strength Tests of Panels for Building Construction; American Society for Testing and Materials (ASTM), 2005

DIN 1052, Ausgabe August 2004. Entwurf, Berechnung und Bemessung von Holzbauwerken - Allgemeine Bemessungsregeln und Bemessungsregeln für den Hochbau

DIN EN 12512, Ausgabe 2005. Holzbauwerke; Prüfverfahren: Zyklische Prüfungen von Anschlüssen mit mechanischen Verbindungsmitteln

DIN EN 1381, Ausgabe 2000. Holzbauwerke; Prüfverfahren: Tragende Klammerverbindungen

DIN EN 594, Ausgabe 1996. Holzbauwerke; Prüfverfahren: Wandscheiben – Tragfähigkeit und –Steifigkeit von Wänden in Holztafelbauart

Eurocode 5: Bemessung und Konstruktion von Holzbauten – Teil 1- 1 Allgemeines – Allgemeine Regeln und Regeln für den Hochbau; Deutsche Fassung EN 1995 – 1 – 1:2004

ISO 16670:2003 – Timber Structures – Joints made with mechanical fasteners – Quasi-Static reversed-cyclic test method.

ISO/CD 21581 – Timber Structures – Static and cyclic lateral test method for shear walls

9 Anhang

9.1 Anhang zum Abschnitt 4

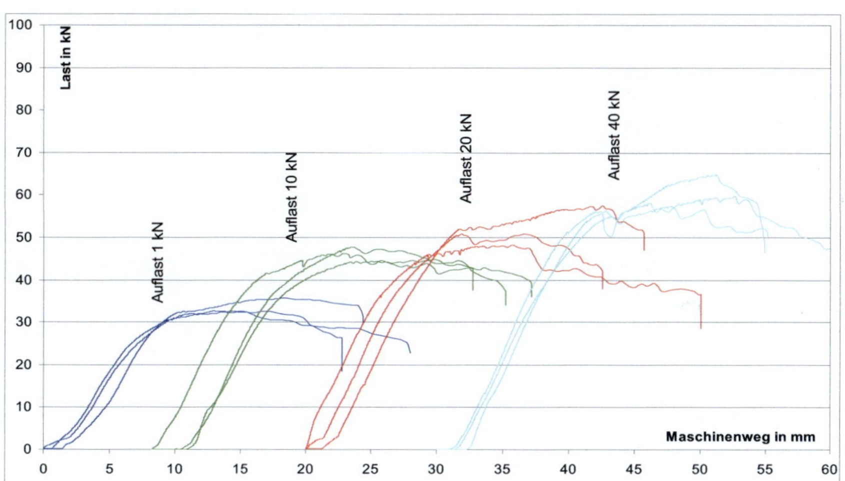

Bild 9-1: Last-Verschiebungsdiagramme der Vorversuche mit nicht geklammerten Elementen und monoton aufgebrachter Last

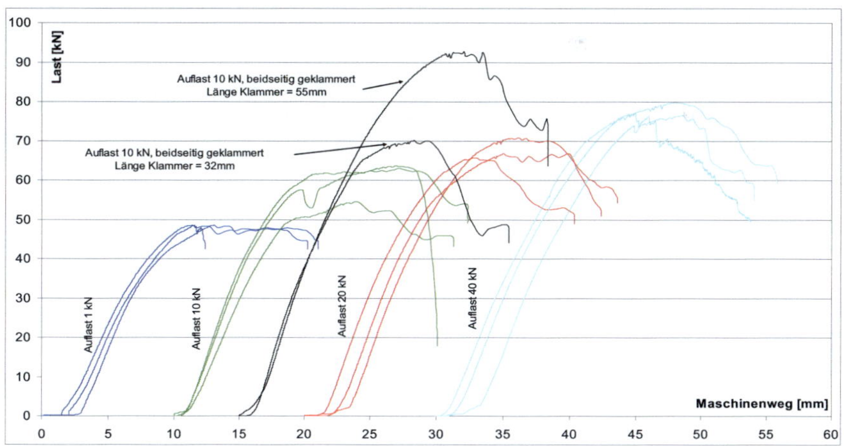

Bild 9-2: Last-Verschiebungsdiagramme der Vorversuche mit geklammerten Elementen und monoton aufgebrachter Last

Tabelle 7: Last-Verschiebungswerte der nicht geklammerten Vorversuche, Auflast 1 kN/m

Bretterseite	F_{max}	Verschie-bung	Kraft	Verschie-bung	Kraft	Verschie-bung	Kraft	Verschie-bung	Kraft
Versuch	[kN]	1 mm	[kN]	3 mm	[kN]	5 mm	[kN]	10 mm	[kN]
Unterseite 0_1_1	21,90	1,01	5,42	3,01	14,04	4,98	17,67	9,98	21,35
Element 0_1_2	20,65	1,00	4,02	3,01	14,55	4,94	19,99	9,98	20,65
0_1_3	23,23	1,01	6,93	3,00	17,16	4,92	18,58	9,91	22,06
Oberseite 0_1_1	21,90	1,01	3,19	3,01	10,41	5,00	14,85	9,96	19,83
Element 0_1_2	20,65	1,01	3,61	3,00	12,98	5,00	18,38	9,97	20,44
0_1_3	23,23	1,01	4,26	3,01	14,09	4,95	18,22	9,99	22,92
Mittelwert	21,93	1,01	4,57	3,00	13,87	4,96	17,95	9,97	21,21
Standardabweichung	1,15	0,01	1,38	0,01	2,20	0,03	1,70	0,03	1,14

Livingboardseite	F_{max}	Verschie-bung	Kraft	Verschie-bung	Kraft	Verschie-bung	Kraft	Verschie-bung	Kraft
Versuch	[kN]	1 mm	[kN]	3 mm	[kN]	5 mm	[kN]	10 mm	[kN]
Unterseite 0_1_1	21,90	1,01	4,89	3,00	13,71	4,99	17,05	9,98	20,29
Element 0_1_2	20,65	1,01	6,27	3,00	15,27	4,99	19,25	9,77	20,65
0_1_3	23,23	1,01	6,60	3,00	15,82	5,00	18,00	9,98	20,61
Oberseite 0_1_1	21,90	1,01	3,94	3,00	11,29	5,00	15,37	9,99	19,67
Element 0_1_2	20,65	1,01	3,01	3,00	12,21	4,99	17,05	9,66	19,99
0_1_3	23,23	1,01	3,49	3,00	11,81	5,00	16,14	9,98	20,34
Mittelwert	21,93	1,01	4,70	3,00	13,35	4,99	17,14	9,89	20,26
Standardabweichung	1,15	0,00	1,48	0,00	1,89	0,00	1,37	0,14	0,37

Tabelle 8: Last-Verschiebungswerte der nicht geklammerten Vorversuche, Auflast 10 kN/m

Bretterseite	F_{max}	Verschie-bung	Kraft	Verschie-bung	Kraft	Verschie-bung	Kraft	Verschie-bung	Kraft
Versuch	[kN]	1 mm	[kN]	3 mm	[kN]	5 mm	[kN]	10 mm	[kN]
Unterseite 0_10_1	27,74	1,01	6,65	3,01	19,81	5,00	25,51	10,00	27,74
Element 0_10_2	25,55	1,01	7,74	3,01	19,43	5,00	23,79	9,73	25,55
0_10_3	27,61	1,01	6,07	3,01	17,97	5,00	23,76	9,98	27,61
Oberseite 0_10_1	27,74	1,01	9,38	3,01	22,17	5,00	25,72	9,89	27,74
Element 0_10_2	25,55	1,01	8,11	3,01	19,62	4,99	23,98	9,80	25,55
0_10_3	27,61	1,01	7,15	3,00	19,51	5,01	25,87	9,76	27,53
Mittelwert	26,96	1,01	7,52	3,01	19,75	5,00	24,77	9,86	26,95
Standardabweichung	1,10	0,00	1,17	0,00	1,36	0,01	1,02	0,11	1,09

Livingboardseite	F_{max}	Verschie-bung	Kraft	Verschie-bung	Kraft	Verschie-bung	Kraft	Verschie-bung	Kraft
Versuch	[kN]	1 mm	[kN]	3 mm	[kN]	5 mm	[kN]	10 mm	[kN]
Unterseite 0_10_1	27,74	1,00	7,56	3,01	17,87	4,97	22,61	10,01	27,36
Element 0_10_2	25,55	1,01	5,92	3,01	18,34	5,00	23,37	9,93	25,55
0_10_3	27,61	1,01	6,54	3,01	18,17	5,00	23,14	9,84	27,53
Oberseite 0_10_1	27,74	1,00	7,06	3,00	15,30	4,99	21,14	9,99	26,19
Element 0_10_2	25,55	1,01	5,12	3,01	15,52	5,00	21,10	9,96	25,55
0_10_3	27,61	1,01	5,58	3,00	16,22	5,01	22,91	9,99	27,51
Mittelwert	26,96	1,01	6,30	3,01	16,91	5,00	22,38	9,95	26,62
Standardabweichung	1,10	0,00	0,92	0,00	1,38	0,01	1,00	0,06	0,96

Tabelle 9: Last-Verschiebungswerte der nicht geklammerten Vorversuche, Auflast 20 kN/m

Bretterseite		F_{max}	Verschiebung	Kraft	Verschiebung	Kraft	Verschiebung	Kraft	Verschiebung	Kraft
	Versuch	[kN]	1 mm	[kN]	3 mm	[kN]	5 mm	[kN]	10 mm	[kN]
Unterseite	0_20_1	24.05	1.01	8.80	2.99	20.41	4.94	23.83	8.90	24.05
Element	0_20_2	25.41	1.00	5.26	3.01	18.01	4.98	23.68	9.99	25.41
	0_20_3	28.72	1.00	5.77	3.01	17.86	4.99	26.14	9.92	28.72
Oberseite	0_20_1	24.05	1.01	9.75	2.98	18.34	4.97	22.13	9.94	23.90
Element	0_20_2	25.41	1.01	8.39	3.01	20.10	4.93	25.41	9.80	25.41
	0_20_3	28.72	1.01	8.31	3.01	20.83	4.95	26.03	9.97	28.61
Mittelwert		26.06	1.00	7.71	3.00	19.26	4.96	24.54	9.75	26.02
Standardabweichung		2.15	0.01	1.78	0.01	1.33	0.02	1.59	0.43	2.15

Livingboardseite		F_{max}	Verschiebung	Kraft	Verschiebung	Kraft	Verschiebung	Kraft	Verschiebung	Kraft
	Versuch	[kN]	1 mm	[kN]	3 mm	[kN]	5 mm	[kN]	10 mm	[kN]
Unterseite	0_20_1	24.05	1.01	9.29	3.01	19.43	5.01	22.79	9.83	24.05
Element	0_20_2	25.41	1.01	7.97	3.00	18.43	5.01	22.82	9.71	25.41
	0_20_3	28.72	1.00	5.15	3.01	20.50	4.41	26.02	9.97	27.29
Oberseite	0_20_1	24.05	1.01	7.02	3.01	16.34	4.95	20.11	9.88	23.42
Element	0_20_2	25.41	1.01	7.03	3.01	17.31	4.99	21.83	9.89	25.41
	0_20_3	28.72	1.01	9.31	3.01	17.60	5.00	23.22	9.95	26.75
Mittelwert		26.06	1.01	7.63	3.01	18.27	4.90	22.80	9.87	25.39
Standardabweichung		2.15	0.00	1.59	0.00	1.51	0.24	1.93	0.09	1.49

Tabelle 10: Last-Verschiebungswerte der nicht geklammerten Vorversuche, Auflast 40 kN/m

Bretterseite		F_{max}	Verschiebung	Kraft	Verschiebung	Kraft	Verschiebung	Kraft	Verschiebung	Kraft
	Versuch	[kN]	1 mm	[kN]	3 mm	[kN]	5 mm	[kN]	10 mm	[kN]
Unterseite	0_40_1	29,84	1,01	6,15	3,01	20,96	5,01	27,79	9,87	29,84
Element	0_40_2	32,40	1,01	7,56	3,01	21,66	4,99	29,65	7,98	32,40
	0_40_3	29,04	0,95	7,98	3,01	20,99	5,01	27,63	9,84	29,04
Oberseite	0_40_1	29,84	1,00	6,08	3,01	20,32	4,98	27,68	9,95	29,68
Element	0_40_2	32,40	1,01	8,72	3,01	23,17	5,01	30,59	6,82	32,40
	0_40_3	29,04	1,01	6,56	3,01	22,77	5,00	28,99	9,00	29,04
Mittelwert		30,43	1,00	7,18	3,01	21,64	5,00	28,72	8,91	30,40
Standardabweichung		1,57	0,02	1,08	0,00	1,12	0,01	1,23	1,27	1,59

Livingboardseite		F_{max}	Verschiebung	Kraft	Verschiebung	Kraft	Verschiebung	Kraft	Verschiebung	Kraft
	Versuch	[kN]	1 mm	[kN]	3 mm	[kN]	5 mm	[kN]	10 mm	[kN]
Unterseite	0_40_1	29,84	1,01	8,31	3,00	19,38	5,00	24,90	9,95	28,38
Element	0_40_2	32,40	1,01	7,88	3,00	21,25	5,00	27,55	9,97	31,58
	0_40_3	29,04	0,99	9,74	3,00	22,09	4,99	26,77	9,86	29,04
Oberseite	0_40_1	29,84	1,01	7,53	3,00	16,37	5,01	22,08	10,00	27,79
Element	0_40_2	32,40	1,01	8,91	3,00	20,53	5,01	27,10	10,01	30,87
	0_40_3	29,04	1,00	5,35	3,01	19,07	4,99	25,79	9,96	28,53
Mittelwert		30,43	1,00	7,95	3,00	19,78	5,00	25,70	9,96	29,36
Standardabweichung		1,57	0,01	1,49	0,00	2,02	0,01	2,01	0,05	1,51

Tabelle 11: Last-Verschiebungswerte der geklammerten Vorversuche, Auflast 1 kN/m

| Bretterseite | F_{max} | Verschie-bung | Kraft | Verschie-bung | Kraft | Verschie-bung | Kraft | Verschie-bung | Kraft |
Versuch	[kN]	1 mm	[kN]	3 mm	[kN]	5 mm	[kN]	10 mm	[kN]
Unterseite 1_1_1	24,29	1,01	6,76	3,00	18,92	4,99	22,12	9,88	24,29
Element 1_1_2	27,56	1,01	5,03	3,00	15,37	5,01	21,08	9,33	27,56
1_1_3	24,18	1,00	4,42	3,01	16,90	5,00	22,58	9,60	24,18
Oberseite 1_1_1	24,29	1,01	5,88	3,00	16,32	4,99	20,79	9,79	24,29
Element 1_1_2	27,56	1,01	7,12	3,00	19,45	5,00	23,64	9,94	27,55
1_1_3	24,18	1,01	7,45	3,01	18,87	5,00	23,80	5,84	24,18
Mittelwert	25,34	1,01	6,11	3,01	17,64	5,00	22,34	9,07	25,34
Standardabweichung	1,72	0,00	1,21	0,00	1,67	0,01	1,26	1,60	1,71

| Livingboardseite | F_{max} | Verschie-bung | Kraft | Verschie-bung | Kraft | Verschie-bung | Kraft | Verschie-bung | Kraft |
Versuch	[kN]	1 mm	[kN]	3 mm	[kN]	5 mm	[kN]	10 mm	[kN]
Unterseite 1_1_1	24,29	1,01	18,44	3,00	24,29	3,05	24,29	3,05	24,29
Element 1_1_2	27,56	1,01	17,47	3,01	26,78	3,70	27,56	3,70	27,56
1_1_3	24,18	1,01	16,99	2,93	24,18	4,75	24,18	9,10	24,18
Oberseite 1_1_1	24,29	1,01	19,78	2,93	24,29	3,55	24,29	3,55	24,29
Element 1_1_2	27,56	1,01	16,99	3,00	26,06	4,70	27,56	8,71	27,56
1_1_3	24,18	1,01	18,00	1,91	24,18	1,91	24,18	1,91	24,18
Mittelwert	25,34	1,01	17,94	2,80	24,96	3,61	25,34	5,00	25,34
Standardabweichung	1,72	0,00	1,07	0,43	1,15	1,07	1,72	3,09	1,72

Tabelle 12: Last-Verschiebungswerte der geklammerten Vorversuche, Auflast 10 kN/m

| Bretterseite | F_{max} | Verschie-bung | Kraft | Verschie-bung | Kraft | Verschie-bung | Kraft | Verschie-bung | Kraft |
Versuch	[kN]	1 mm	[kN]	3 mm	[kN]	5 mm	[kN]	10 mm	[kN]
Unterseite 1_10_1	31,81	1,01	9,12	3,01	22,88	4,96	28,77	9,89	31,77
Element 1_10_2	27,24	1,01	9,40	3,00	20,01	4,99	25,01	9,85	27,24
1_10_3	31,47	1,01	8,54	3,01	20,07	5,00	26,27	9,93	30,95
Oberseite 1_10_1	31,81	1,01	10,31	3,00	25,69	4,97	30,23	8,99	31,81
Element 1_10_2	27,24	1,01	6,87	3,01	20,60	5,00	25,00	9,95	27,04
1_10_3	31,47	1,01	10,08	3,01	23,99	5,00	29,83	9,79	31,25
Mittelwert	30,17	1,01	9,05	3,01	22,21	4,99	27,52	9,73	30,01
Standardabweichung	2,28	0,00	1,25	0,00	2,36	0,02	2,39	0,37	2,25

| Livingboardseite | F_{max} | Verschie-bung | Kraft | Verschie-bung | Kraft | Verschie-bung | Kraft | Verschie-bung | Kraft |
Versuch	[kN]	1 mm	[kN]	3 mm	[kN]	5 mm	[kN]	10 mm	[kN]
Unterseite 1_10_1	31,81	1,01	21,09	2,96	30,83	4,82	31,81	4,82	31,81
Element 1_10_2	27,24	1,01	15,53	3,00	26,72	3,81	27,24	3,81	27,24
1_10_3	31,47	1,01	20,84	3,00	30,29	4,95	30,95	9,88	31,47
Oberseite 1_10_1	31,81	1,01	21,11	2,99	30,33	4,56	31,81	4,56	31,81
Element 1_10_2	27,24	1,01	16,68	2,95	25,33	4,99	26,91	9,62	27,24
1_10_3	31,47	1,01	23,61	3,00	31,07	4,93	31,47	5,71	31,47
Mittelwert	30,17	1,01	19,81	2,98	29,10	4,68	30,03	6,40	30,17
Standardabweichung	2,28	0,00	3,07	0,02	2,44	0,45	2,32	2,67	2,28

Tabelle 13: Last-Verschiebungswerte der geklammerten Vorversuche, Auflast 20 kN/m

Bretterseite	F_{max}	Verschiebung	Kraft	Verschiebung	Kraft	Verschiebung	Kraft	Verschiebung	Kraft
Versuch	[kN]	1 mm	[kN]	3 mm	[kN]	5 mm	[kN]	10 mm	[kN]
Unterseite 1_20_1	33.37	1.01	7.60	3.01	23.35	5.00	28.35	9.96	33.37
Element 1_20_2	35.34	1.01	8.84	3.01	23.66	5.00	31.69	8.48	35.34
1_20_3	32.79	1.00	8.52	3.01	23.93	5.01	30.64	7.56	32.79
Oberseite 1_20_1	33.37	1.01	7.24	3.00	23.25	4.99	29.24	9.72	33.37
Element 1_20_2	35.34	1.01	10.07	3.01	25.64	5.00	33.12	9.72	35.34
1_20_3	32.79	1.01	7.56	3.00	21.39	5.00	28.93	9.88	32.79
Mittelwert	33.83	1.01	8.30	3.01	23.54	5.00	30.33	9.22	33.83
Standardabweichung	1.20	0.00	1.06	0.00	1.37	0.01	1.83	0.98	1.20

Livingboardseite	F_{max}	Verschiebung	Kraft	Verschiebung	Kraft	Verschiebung	Kraft	Verschiebung	Kraft
Versuch	[kN]	1 mm	[kN]	3 mm	[kN]	5 mm	[kN]	10 mm	[kN]
Unterseite 1_20_1	33.37	1.01	24.22	2.90	33.37	5.00	33.37	5.02	33.37
Element 1_20_2	35.34	1.01	20.72	3.00	34.02	4.52	35.34	4.52	35.34
1_20_3	32.79	1.01	22.97	2.55	32.79	2.55	32.79	2.55	32.79
Oberseite 1_20_1	33.37	1.01	20.87	3.01	31.05	4.74	33.37	9.76	33.37
Element 1_20_2	35.34	1.01	19.00	3.00	31.57	5.01	34.81	9.50	35.34
1_20_3	32.79	1.01	21.03	3.00	31.30	4.83	32.79	9.47	32.79
Mittelwert	33.83	1.01	21.47	2.91	32.35	4.44	33.75	6.80	33.83
Standardabweichung	1.20	0.00	1.85	0.18	1.22	0.94	1.08	3.15	1.20

Tabelle 14: Last-Verschiebungswerte der geklammerten Vorversuche, Auflast 40 kN/m

Bretterseite	F_{max}	Verschiebung	Kraft	Verschiebung	Kraft	Verschiebung	Kraft	Verschiebung	Kraft
Versuch	[kN]	1 mm	[kN]	3 mm	[kN]	5 mm	[kN]	10 mm	[kN]
Unterseite 1_40_1	38,24	1,01	8,59	3,01	23,85	5,01	34,74	8,27	38,24
Element 1_40_2	39,92	1,01	7,74	3,00	21,78	5,01	31,14	10,00	39,92
1_40_3	38,64	1,01	7,11	3,01	20,62	5,01	31,57	10,00	38,64
Oberseite 1_40_1	38,24	1,01	6,73	3,01	22,17	5,01	31,47	9,96	37,96
Element 1_40_2	39,92	1,01	6,44	3,01	21,85	5,00	31,41	9,96	39,36
1_40_3	38,64	1,01	7,47	3,01	22,04	5,00	32,37	10,00	38,64
Mittelwert	38,93	1,01	7,35	3,01	22,05	5,01	32,12	9,70	38,79
Standardabweichung	0,79	0,00	0,77	0,00	1,04	0,00	1,35	0,70	0,73

Livingboardseite	F_{max}	Verschiebung	Kraft	Verschiebung	Kraft	Verschiebung	Kraft	Verschiebung	Kraft
Versuch	[kN]	1 mm	[kN]	3 mm	[kN]	5 mm	[kN]	10 mm	[kN]
Unterseite 1_40_1	38,24	1,01	21,95	3,00	36,96	4,92	38,24	5,07	38,24
Element 1_40_2	39,92	1,00	22,83	3,01	37,91	4,56	39,92	7,90	39,92
1_40_3	38,64	1,01	19,66	3,01	36,44	4,69	38,64	4,69	38,64
Oberseite 1_40_1	38,24	1,01	19,31	3,00	30,17	5,01	36,30	9,66	38,24
Element 1_40_2	39,92	1,01	20,67	3,01	33,16	4,93	38,42	9,83	39,92
1_40_3	38,64	1,01	20,88	3,01	33,61	5,00	38,09	9,99	38,64
Mittelwert	38,93	1,01	20,88	3,01	34,71	4,85	38,27	7,86	38,93
Standardabweichung	0,79	0,00	1,34	0,00	2,92	0,18	1,17	2,43	0,79

9.2 Anhang zum Abschnitt 5.2.4

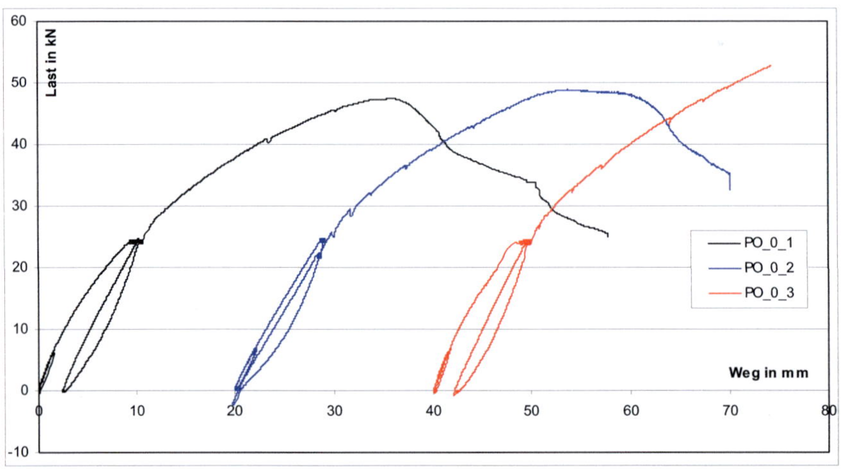

Bild 9-3:   Last-Verschiebungsdiagramm der HIB - Versuche mit monoton aufgebrachter Horizontallast, ohne zusätzliche Auflast, ohne Schrauben in Stegüberstand

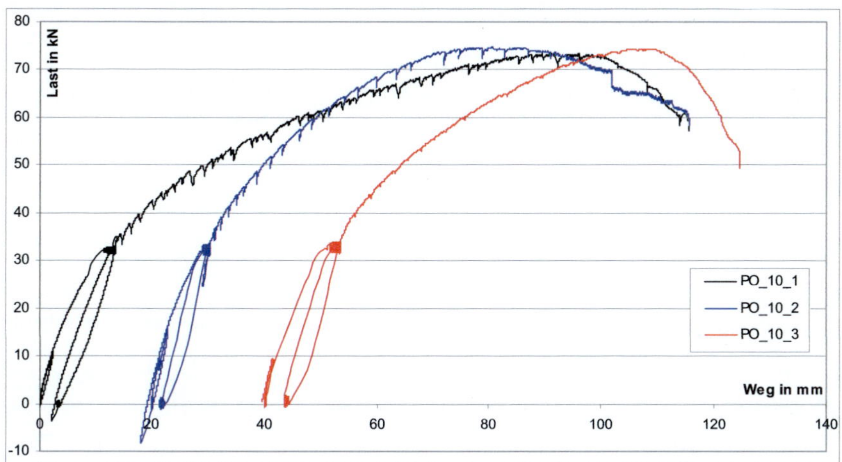

Bild 9-4:   Last-Verschiebungsdiagramm der HIB - Versuche mit monoton aufgebrachter Horizontallast, Auflast 10kN/m, mit Klammern in Stegüberstand

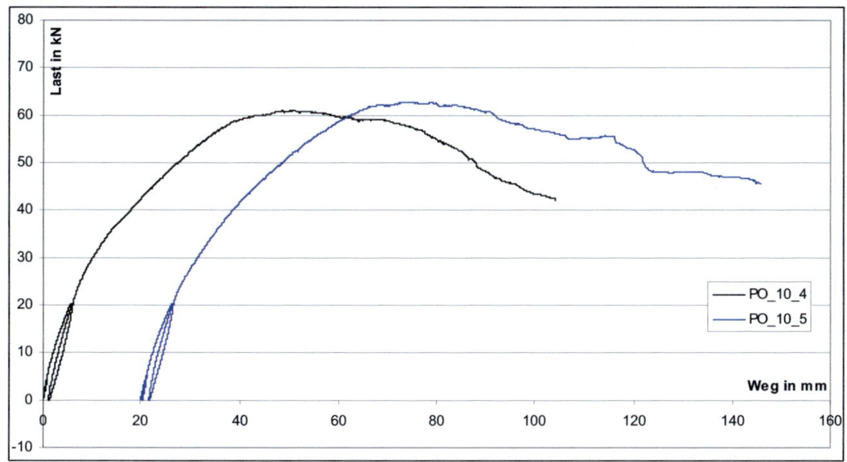

Bild 9-5:   Last-Verschiebungsdiagramm der HIB - Versuche mit monoton aufgebrachter Horizontallast, Auflast 10kN/m, ohne Schrauben in Stegüberstand

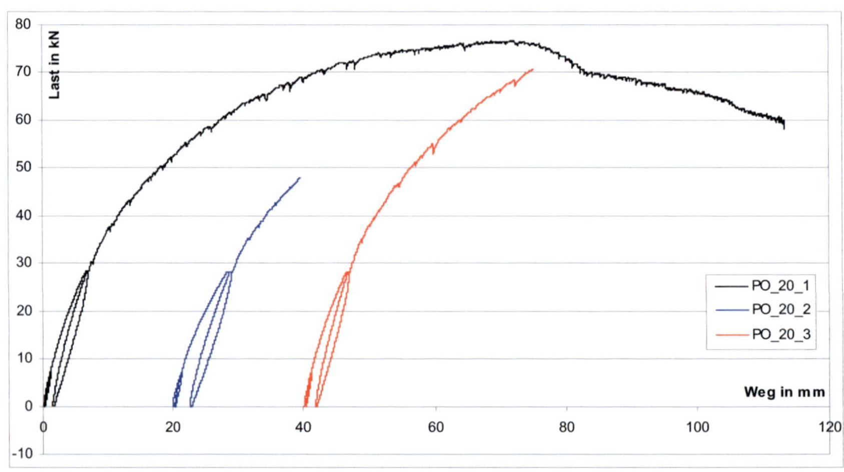

Bild 9-6: Last-Verschiebungsdiagramm der HIB - Versuche mit monoton aufgebrachter Horizontallast, Auflast 20kN/m, ohne Schrauben in Stegüberstand

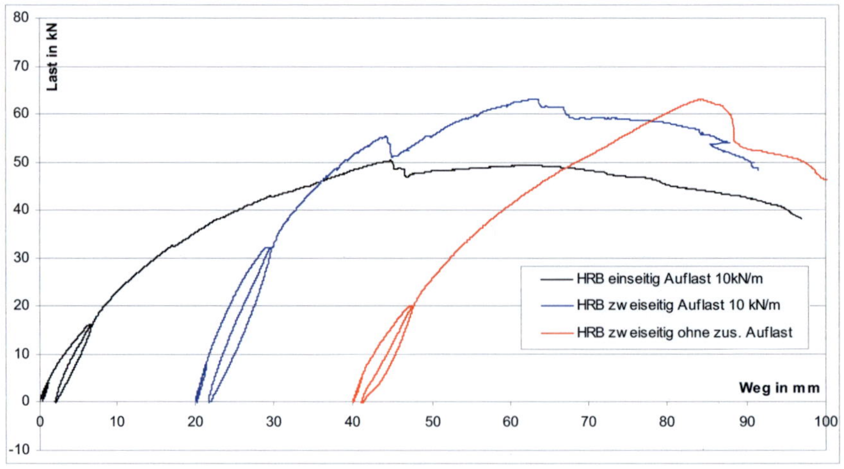

Bild 9-7: Last-Verschiebungsdiagramm der Versuche mit Holztafelbauwänden mit monoton aufgebrachter Horizontallast

9.3 Anhang zum Abschnitt 5.2.5

9.3.1 Versuche ohne zusätzliche Auflast

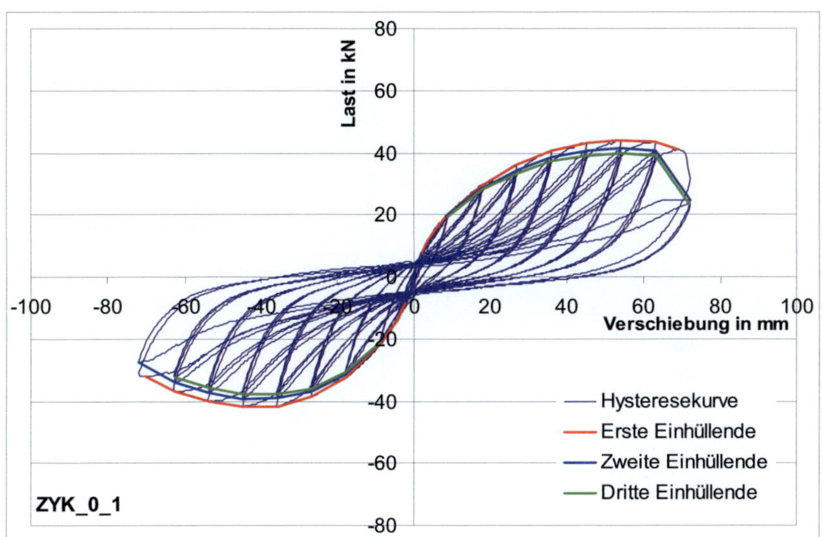

Bild 9-8: Last-Verschiebungshysterese Versuch ZYK_0_1

Tabelle 15: Versuchsergebnisse ZYK_0_1

ZYK_0_1	Versuchsergebnisse des zyklischen Versuches		
maximale Verschiebung aus monotonem Versuch	u_{max} = 45 mm	Äquivalente hysteretische Dämpfung v_{ed} = Ed/(2*pi*Epot)	
Verschiebungsgeschwindigkeit für zyklischen Versuch	dr = 30 mm/min	*) Wandlänge = 3,0 m	
Versuchsdauer	2h 08min		

	Erste Einhüllende						Zweite Einhüllende						Dritte Einhüllende					
	Positiv			Negativ			Positiv			Negativ			Positiv			Negativ		
% von u_{max}	mm	kN *)	v_{ed} in %	mm	kN *)	v_{ed} in %	mm	kN *)	v_{ed} in %	mm	kN *)	v_{ed} in %	mm	kN *)	v_{ed} in %	mm	kN *)	v_{ed} in %
1,25	0,51	2,65		-0,51	-2,40													
2,50	0,99	4,03		-0,89	-4,28													
5,00	2,16	7,71		-2,20	-8,42													
7,50	3,33	10,82		-3,32	-11,09													
10	4,47	13,29		-4,34	-13,97													
20	8,65	19,88	11,5	-8,92	-21,90	11,2	8,73	19,50	10,4	-8,98	-21,51	8,9	8,87	19,42	9,7	-8,68	-20,89	9,4
40	17,99	29,66	12,7	-17,85	-32,52	12,5	17,67	28,24	10,1	-17,97	-31,50	9,2	17,80	27,79	9,6	-17,98	-30,66	9,0
60	26,93	36,26	12,1	-26,72	-38,57	12,2	27,00	34,41	9,7	-26,86	-36,86	9,4	26,65	33,16	9,4	-26,95	-36,00	8,6
80	35,76	40,64	11,2	-35,57	-41,65	11,6	35,87	38,54	9,7	-35,66	-39,01	9,4	35,96	37,51	8,9	-35,76	-37,83	8,9
100	45,02	43,07	10,9	-44,85	-41,81	11,3	45,02	40,46	9,9	-44,94	-39,32	9,5	44,77	39,18	9,2	-45,00	-37,86	8,8
120	52,85	43,86	10,8	-53,63	-40,13	11,8	53,93	41,27	9,7	-53,72	-37,25	9,7	54,02	39,85	9,0	-53,82	-35,67	9,8
140	62,66	43,56	10,7	-62,44	-36,86	11,9	62,75	40,46	9,7	-62,54	-34,19	10,6	62,87	39,12	9,4	-62,65	-32,45	10,1
160	68,49	40,90	12,5	-70,25	-32,12	13,8	72,04	24,69	15,7	-71,86	-27,68	12,7	71,69	23,51	13,1			

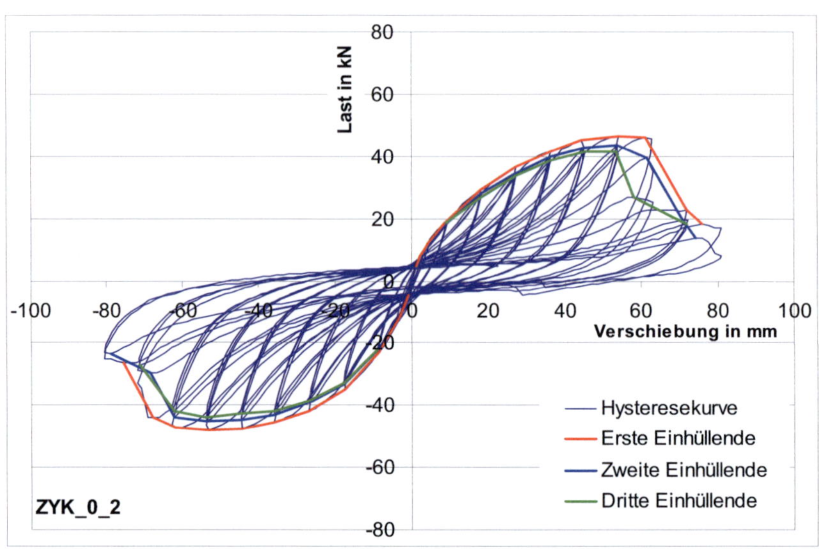

Bild 9-9: Last-Verschiebungshysterese Versuch ZYK_0_2

Tabelle 16: Versuchsergebnisse ZYK_0_2

ZYK_0_2						Versuchsergebnisse des zyklischen Versuches											
maximale Verschiebung aus monotonem Versuch						u_{max} = 45 mm						Äquivalente hysteretische Dämpfung v_{ed} = Ed/(2*pi*Epot)					
Verschiebungsgeschwindigkeit für zyklischen Versuch						dr = 100 mm/min						*) Wandlänge = 3,0 m					
Versuchsdauer						47min											
	Erste Einhüllende						Zweite Einhüllende						Dritte Einhüllende					
	Positiv			Negativ			Positiv			Negativ			Positiv			Negativ		
% von u_{max}	mm	kN *)	v_{ed} in %	mm	kN *)	v_{ed} in %	mm	kN *)	v_{ed} in %	mm	kN *)	v_{ed} in %	mm	kN *)	v_{ed} in %	mm	kN *)	v_{ed} in %
1,25	0,44	1,79		-0,43	-2,42													
2,50	1,06	4,57		-0,90	-4,56													
5,00	2,12	7,86		-2,16	-8,09													
7,50	3,33	10,60		-3,36	-11,98													
10	3,94	12,06		-4,41	-14,01													
20	8,11	18,23	13,1	-8,72	-23,18	12,4	8,97	18,49	11,6	-8,27	-21,36	10,7	8,79	18,48	11,7	-8,99	-22,42	9,7
40	17,97	29,12	13,4	-17,58	-34,79	13,2	17,97	28,07	10,5	-17,76	-33,44	9,8	17,90	26,86	10,3	-17,88	-32,89	9,2
60	26,96	36,51	12,3	-26,82	-42,08	11,9	26,39	34,21	10,3	-26,03	-38,80	9,6	26,95	33,96	9,3	-26,83	-38,71	8,7
80	35,99	41,63	11,1	-36,01	-45,53	11,1	35,97	39,75	9,8	-35,97	-43,36	9,0	35,93	38,78	9,2	-35,94	-42,01	8,4
100	44,24	45,38	11,0	-44,54	-47,53	11,0	44,74	42,74	9,5	-44,93	-44,76	8,9	44,98	41,41	9,3	-45,03	-42,84	8,6
120	53,96	46,61	10,9	-53,09	-48,08	11,1	53,65	43,41	9,5	-54,01	-45,30	8,9	53,17	41,67	9,6	-53,77	-43,81	9,2
140	60,98	46,14	11,0	-61,94	-47,43	10,5	61,21	39,31	11,8	-62,16	-43,85	9,6	58,04	26,97	14,7	-62,34	-41,95	9,0
160	71,57	22,69	16,3	-67,86	-44,14	11,8	70,75	19,59	15,0	-68,73	-29,87	12,4	71,62	18,32	13,5	-71,27	-27,06	11,2
180	75,85	18,10	16,7	-75,86	-26,33	14,4	74,06	13,84	20,9	-79,05	-23,36	11,8						

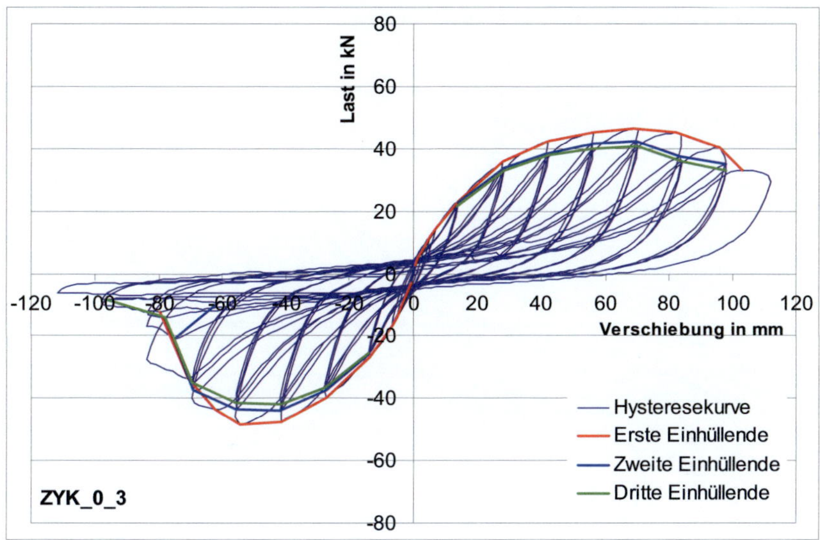

Bild 9-10:   Last-Verschiebungshysterese Versuch ZYK_0_3

Tabelle 17: Versuchsergebnisse ZYK_0_3

ZYK_0_3	Versuchsergebnisse des zyklischen Versuches																	
maximale Verschiebung aus monotonem Versuch					u_{max} = 70 mm			Äquivalente hysteretische Dämpfung v_{ed} = Ed/(2*pi*Epot)										
Verschiebungsgeschwindigkeit für zyklischen Versuch					dr = 100 mm/min			*) Wandlänge = 3,0 m										
Versuchsdauer					53 min													
	Erste Einhüllende						Zweite Einhüllende						Dritte Einhüllende					
	Positiv			Negativ			Positiv			Negativ			Positiv			Negativ		
% von u_{max}	mm	kN *)	v_{ed} in %	mm	kN *)	v_{ed} in %	mm	kN *)	v_{ed} in %	mm	kN *)	v_{ed} in %	mm	kN *)	v_{ed} in %	mm	kN *)	v_{ed} in %
1,25	0,59	2,66		-0,73	-3,24													
2,50	1,57	4,92		-1,54	-4,95													
5,00	3,31	8,28		-3,37	-10,05													
7,50	5,20	11,55		-5,22	-14,05													
10	6,90	14,41		-6,58	-16,84													
20	13,99	22,93	13,1	-13,43	-26,84	12,5	13,91	22,59	10,4	-13,97	-25,83	9,5	13,49	21,63	10,8	-13,91	-25,78	9,1
40	27,90	35,80	12,9	-27,25	-39,79	13,0	27,96	33,89	9,5	-27,42	-37,54	9,0	27,99	32,86	8,6	-27,56	-36,81	8,2
60	41,82	42,28	12,3	-41,44	-47,47	12,0	40,99	38,45	8,9	-41,98	-44,19	8,6	41,79	37,99	8,9	-41,37	-41,78	8,2
80	55,90	45,14	11,7	-54,24	-48,56	12,3	55,79	41,58	9,6	-55,71	-43,43	9,0	55,63	39,86	9,0	-55,56	-41,41	8,5
100	68,79	46,50	10,7	-62,39	-43,54	13,7	69,32	42,36	9,3	-69,59	-37,54	10,3	69,86	40,77	8,5	-69,99	-35,01	9,6
120	82,09	45,04	10,9	-71,04	-33,81	16,6	83,31	37,63	10,5	-75,57	-20,99	17,3	84,04	35,84	9,0	-78,44	-14,28	19,0
140	95,72	40,39	10,7	-79,96	-12,37	27,0	97,55	34,89	9,7	-61,75	-9,41	35,7	97,69	33,07	8,7	-96,95	-8,32	18,1
160	102,9	33,03	12,6	-89,12	-7,33	22,6												

9.3.2 Versuche mit zusätzlicher Auflast 10 kN/m

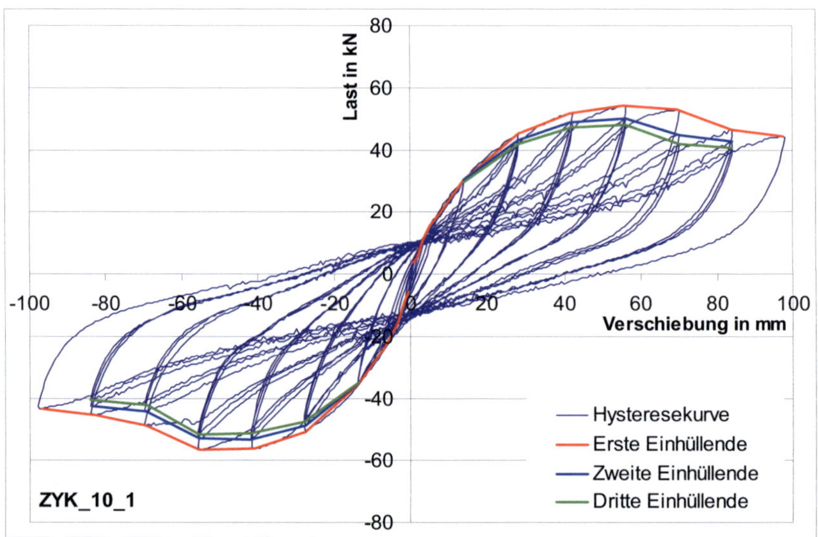

Bild 9-11:   Last-Verschiebungshysterese Versuch ZYK_10_1

Tabelle 18: Versuchsergebnisse ZYK_10_1

ZYK_10_1	Versuchsergebnisse des zyklischen Versuches																
maximale Verschiebung aus monotonem Versuch						u_{max} = 70 mm			Äquivalente hysteretische Dämpfung $v_{ed} = Ed/(2 \cdot pi \cdot Epot)$								
Verschiebungsgeschwindigkeit für zyklischen Versuch						dr = 40 mm/min			*) Wandlänge = 3,0 m								
Versuchsdauer						1h 40 min											
	Erste Einhüllende						Zweite Einhüllende						Dritte Einhüllende					
	Positiv			Negativ			Positiv			Negativ			Positiv			Negativ		
% von u_{max}	mm	kN *)	v_{ed} in %	mm	kN *)	v_{ed} in %	mm	kN *)	v_{ed} in %	mm	kN *)	v_{ed} in %	mm	kN *)	v_{ed} in %	mm	kN *)	v_{ed} in %
1,25	0,83	3,75		-0,82	-5,74													
2,50	1,61	5,40		-1,54	-9,13													
5,00	2,99	10,49		-3,49	-15,45													
7,50	4,97	15,48		-5,22	-19,64													
10	6,59	18,15		-6,96	-24,13													
20	13,93	30,41	13,1	-13,64	-35,80	13,8	13,92	30,28	13,1	-13,60	-34,97	11,7	13,90	29,74	12,3	-13,59	-34,69	11,0
40	27,92	45,18	14,6	-27,65	-50,70	13,8	27,96	43,20	12,7	-27,71	-48,65	11,3	27,99	41,70	12,4	-27,79	-47,79	10,9
60	41,50	51,58	14,4	-41,24	-56,20	13,2	41,58	48,86	12,3	-41,93	-53,24	10,8	41,63	47,26	12,4	-41,99	-51,29	10,6
80	55,08	54,22	13,6	-55,52	-56,66	12,7	55,88	50,04	12,9	-55,61	-53,01	11,2	55,91	47,90	12,2	-55,59	-51,52	10,6
100	69,26	52,84	13,9	-69,57	-48,98	15,7	69,89	44,80	14,5	-69,59	-44,49	14,4	69,90	41,83	14,8	-69,53	-42,23	14,1
120	83,84	46,49	15,0	-82,86	-45,54	15,3	83,85	42,52	14,7	-83,50	-42,53	14,2	83,86	40,75	14,8	-84,03	-40,73	14,1
140	97,17	44,29	15,3	-96,86	-43,54	14,8												

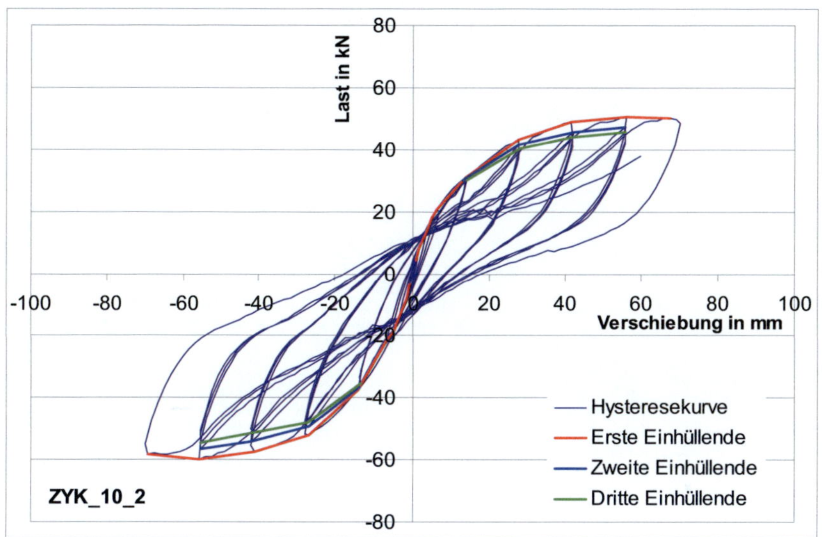

Bild 9-12:   Last-Verschiebungshysterese Versuch ZYK_10_2

Tabelle 19: Versuchsergebnisse ZYK_10_2

ZYK_10_2						Versuchsergebnisse des zyklischen Versuches											
maximale Verschiebung aus monotonem Versuch						u_{max} = 70 mm			Äquivalente hysteretische Dämpfung v_{ed} = Ed/(2*pi*Epot)								
Verschiebungsgeschwindigkeit für zyklischen Versuch						dr = 100 mm/min			*) Wandlänge = 3,0 m								
Versuchsdauer						22 min											
	Erste Einhüllende						Zweite Einhüllende						Dritte Einhüllende				
	Positiv			Negativ			Positiv			Negativ			Positiv			Negativ		
% von u_{max}	mm	kN *)	v_{ed} in %	mm	kN *)	v_{ed} in %	mm	kN *)	v_{ed} in %	mm	kN *)	v_{ed} in %	mm	kN *)	v_{ed} in %	mm	kN *)	v_{ed} in %
1,25	0,84	4,38		-0,80	-3,67													
2,50	1,61	7,80		-1,66	-8,13													
5,00	3,39	13,38		-3,38	-14,09													
7,50	5,00	17,79		-4,76	-18,53													
10	6,13	20,48		-6,86	-22,00													
20	13,65	30,71	13,7	-13,97	-37,32	12,0	13,14	29,95	13,3	-13,80	-36,63	10,9	13,97	30,26	12,1	-13,37	-35,35	11,2
40	27,39	43,21	15,0	-26,70	-51,99	13,2	27,64	41,36	12,6	-26,90	-49,40	10,9	27,80	40,36	12,4	-27,07	-48,14	10,5
60	41,36	48,79	14,3	-40,95	-57,31	13,7	41,97	45,54	12,3	-41,85	-54,03	10,9	41,53	44,14	12,0	-41,16	-51,46	11,0
80	55,78	50,37	13,3	-55,78	-59,99	12,3	55,60	47,08	12,0	-55,59	-56,67	11,0	55,58	45,43	11,6	-55,52	-54,73	10,4
100	67,27	50,20	13,9	-69,15	-58,23	13,4												

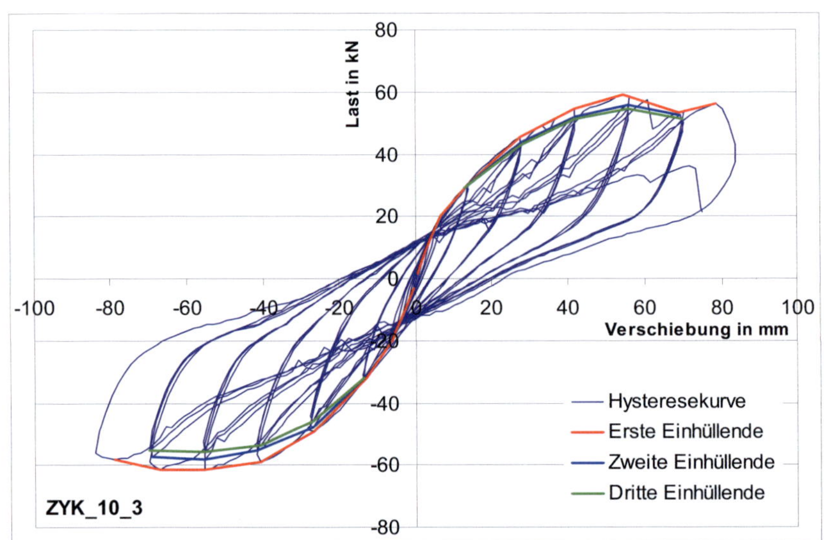

Bild 9-13: Last-Verschiebungshysterese Versuch ZYK_10_3

Tabelle 20: Versuchsergebnisse ZYK_10_3

ZYK_10_3				Versuchsergebnisse des zyklischen Versuches														
maximale Verschiebung aus monotonem Versuch					u_{max} = 70 mm				Äquivalente hysteretische Dämpfung v_{ed} = Ed/(2*pi*Epot)									
Verschiebungsgeschwindigkeit für zyklischen Versuch					dr = 100 mm/min				*) Wandlänge = 3,0 m									
Versuchsdauer					31 min													
	Erste Einhüllende							Zweite Einhüllende						Dritte Einhüllende				
	Positiv			Negativ			Positiv			Negativ			Positiv			Negativ		
% von u_{max}	mm	kN *)	v_{ed} in %	mm	kN *)	v_{ed} in %	mm	kN *)	v_{ed} in %	mm	kN *)	v_{ed} in %	mm	kN *)	v_{ed} in %	mm	kN *)	v_{ed} in %
1,25	0,58	1,44		-0,37	-3,19													
2,50	1,72	6,77		-1,72	-7,50													
5,00	3,47	11,75		-3,48	-12,45													
7,50	5,19	16,57		-5,12	-16,96													
10	6,61	19,97		-6,20	-20,04													
20	13,92	30,32	12,4	-13,05	-31,97	14,1	13,60	30,05	12,1	-13,95	-32,39	11,8	13,08	29,12	12,5	-13,68	-32,20	11,4
40	27,62	45,62	13,8	-26,91	-49,37	14,1	27,78	43,80	12,4	-27,05	-47,81	11,9	27,88	43,14	11,7	-27,22	-45,80	12,4
60	41,49	54,61	13,3	-41,06	-59,04	13,7	41,99	52,28	11,7	-41,87	-55,47	11,3	41,51	51,18	11,5	-41,13	-53,70	11,1
80	53,99	59,21	13,2	-55,61	-61,48	13,1	55,61	55,91	10,3	-55,60	-58,30	11,3	55,48	54,45	11,4	-55,43	-55,87	11,8
100	68,73	53,41	14,7	-67,21	-61,37	13,3	69,13	52,53	11,5	-69,37	-57,25	11,5	69,64	51,18	11,1	-69,88	-55,29	11,2
120	78,49	56,02	13,6	-79,11	-58,23	13,3												

9.3.3 Versuche mit zusätzlicher Auflast 20 kN/m

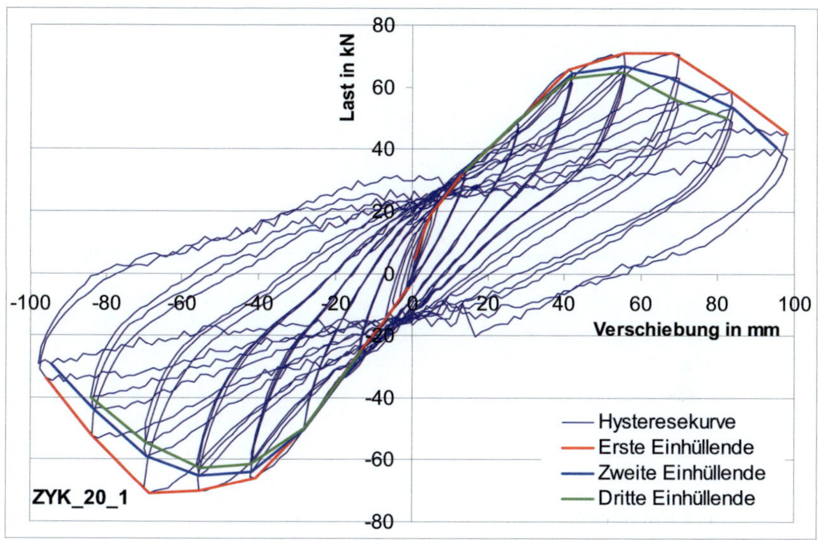

Bild 9-14:   Last-Verschiebungshysterese Versuch ZYK_20_1

Tabelle 21: Versuchsergebnisse ZYK_20_1

ZYK_20_1						Versuchsergebnisse des zyklischen Versuches											
maximale Verschiebung aus monotonem Versuch						$u_{max} = 70$ mm						Äquivalente hysteretische Dämpfung $v_{ed} = Ed/(2*pi*Epot)$					
Verschiebungsgeschwindigkeit für zyklischen Versuch						dr = 100 mm/min						*) Wandlänge = 3,0 m					
Versuchsdauer						45 min											
	Erste Einhüllende						Zweite Einhüllende						Dritte Einhüllende				
	Positiv			Negativ			Positiv			Negativ			Positiv			Negativ		
% von u_{max}	mm	kN *)	v_{ed} in %	mm	kN *)	v_{ed} in %	mm	kN *)	v_{ed} in %	mm	kN *)	v_{ed} in %	mm	kN *)	v_{ed} in %	mm	kN *)	v_{ed} in %
1,25	0,83	4,82		-0,85	-4,71													
2,50	1,55	8,25		-1,61	-5,47													
5,00	3,30	14,86		-3,28	-8,57													
7,50	4,90	19,35		-4,67	-10,88													
10	6,89	21,98		-6,95	-14,96													
20	13,50	32,66	10,3	-13,92	-25,81	16,8	12,99	32,17	11,3	-13,62	-25,95	17,0	13,96	33,31	10,8	-13,17	-24,98	17,7
40	27,11	48,24	11,1	-27,94	-50,05	12,7	27,32	48,81	11,7	-27,96	-50,18	13,0	27,45	49,09	11,7	-28,00	-49,80	12,8
60	40,99	65,69	16,7	-40,70	-65,92	14,4	41,92	64,52	10,8	-41,63	-63,92	12,7	41,19	62,60	10,9	-42,02	-61,68	12,3
80	55,45	70,78	13,0	-55,37	-70,23	15,0	55,26	66,75	11,8	-55,28	-65,35	13,1	55,09	64,61	11,8	-55,10	-62,69	18,5
100	68,38	71,11	12,5	-68,69	-70,92	15,3	67,23	63,11	12,9	-69,21	-59,08	17,5	69,39	55,55	15,1	-69,73	-54,59	17,5
120	83,28	58,41	16,4	-83,88	-52,59	21,7	84,03	53,24	18,2	-83,38	-43,89	24,6	82,27	50,06	16,2	-84,06	-40,18	26,6
140	98,05	44,93	24,7	-96,07	-34,07	34,7	95,30	40,57	25,6	-94,51	-29,61	32,0						

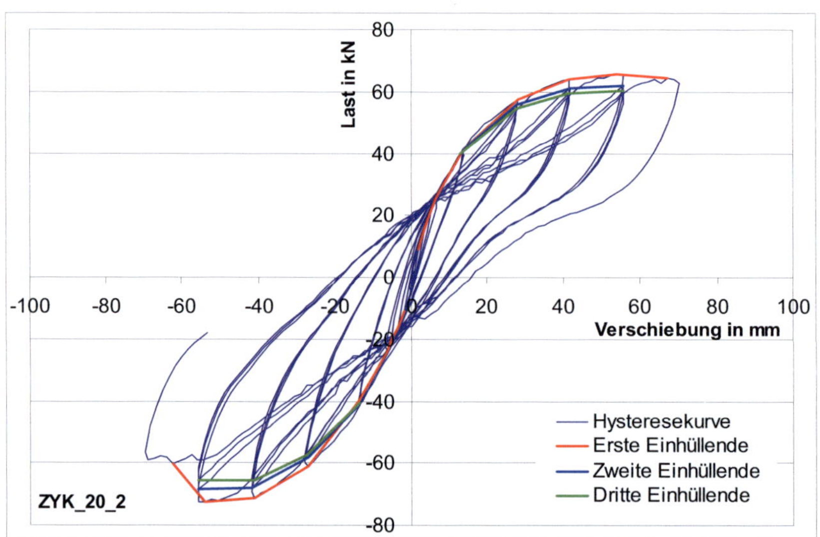

Bild 9-15:   Last-Verschiebungshysterese Versuch ZYK_20_2

Tabelle 22: Versuchsergebnisse ZYK_20_2

ZYK_20_2	Versuchsergebnisse des zyklischen Versuches		
maximale Verschiebung aus monotonem Versuch	u_{max} = 70 mm	Äquivalente hysteretische Dämpfung v_{ed} = Ed/(2*pi*Epot)	
Verschiebungsgeschwindigkeit für zyklischen Versuch	dr = 100 mm/min	*) Wandlänge = 3,0 m	
Versuchsdauer	45 min		

	Erste Einhüllende						Zweite Einhüllende						Dritte Einhüllende					
	Positiv			Negativ			Positiv			Negativ			Positiv			Negativ		
% von u_{max}	mm	kN *)	v_{ed} in %	mm	kN *)	v_{ed} in %	mm	kN *)	v_{ed} in %	mm	kN *)	v_{ed} in %	mm	kN *)	v_{ed} in %	mm	kN *)	v_{ed} in %
1,25																		
2,50	1,72	9,06		-1,72	-11,18													
5,00	3,48	16,09		-3,47	-16,47													
7,50	5,19	21,56		-5,10	-20,06													
10	6,57	25,67		-6,15	-23,68													
20	13,91	41,51	8,6	-13,92	-40,14	12,6	13,62	41,15	10,1	-13,94	-41,33	11,6	13,10	39,66	10,8	-13,66	-40,74	11,9
40	27,91	57,37	12,6	-26,93	-61,00	15,4	27,79	55,71	11,9	-27,04	-58,30	13,3	27,88	54,61	10,7	-27,24	-57,47	12,9
60	41,46	64,08	13,0	-41,05	-71,24	14,3	41,99	61,10	11,4	-41,84	-68,16	12,3	41,45	59,47	11,4	-41,06	-65,72	12,2
80	53,96	65,66	12,8	-53,89	-72,67	14,3	55,65	62,11	11,6	-55,63	-68,38	12,8	55,58	60,19	11,0	-55,51	-65,57	13,0
100	67,15	64,38	13,6	-62,49	-60,40	21,1												

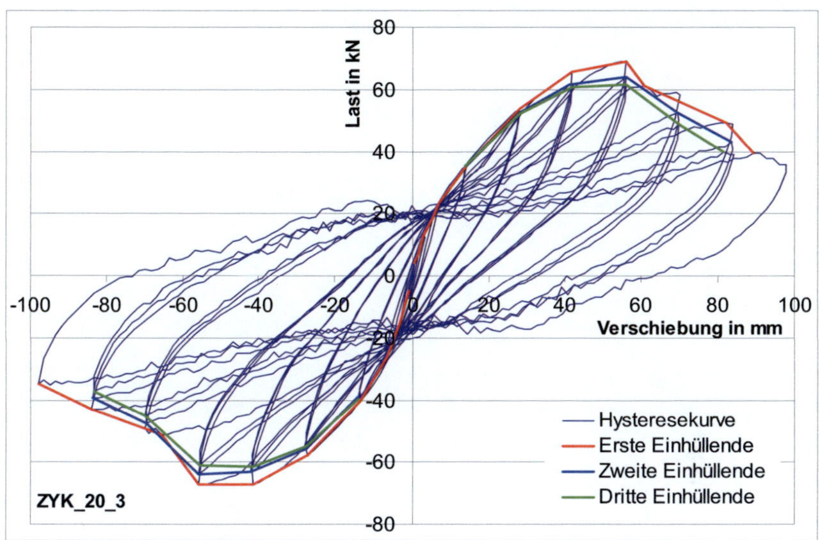

Bild 9-16:   Last-Verschiebungshysterese Versuch ZYK_20_3

Tabelle 23: Versuchsergebnisse ZYK_20_3

ZYK_20_3						Versuchsergebnisse des zyklischen Versuches											
maximale Verschiebung aus monotonem Versuch						u_{max} = 70 mm			Äquivalente hysteretische Dämpfung v_{ed} = Ed/(2*pi*Epot)								
Verschiebungsgeschwindigkeit für zyklischen Versuch						dr = 100 mm/min			*) Wandlänge = 3,0 m								
Versuchsdauer						41 min											
	Erste Einhüllende						Zweite Einhüllende						Dritte Einhüllende				
	Positiv			Negativ			Positiv			Negativ			Positiv			Negativ		
% von u_{max}	mm	kN *)	v_{ed} in %	mm	kN *)	v_{ed} in %	mm	kN *)	v_{ed} in %	mm	kN *)	v_{ed} in %	mm	kN *)	v_{ed} in %	mm	kN *)	v_{ed} in %
1,25	0,572	4,00		-0,712	-5,007													
2,50	1,54	6,80		-1,51	-7,32													
5,00	2,72	13,00		-3,35	-15,02													
7,50	5,17	18,42		-5,22	-22,10													
10,00	6,89	23,49		-6,56	-26,37													
20,00	13,99	35,14	11,9	-13,45	-40,38	12,9	13,92	35,33	11,4	-13,95	-39,08	11,0	13,57	35,21	11,7	-13,94	-39,77	10,7
40,00	27,92	53,89	12,6	-27,29	-57,94	14,4	27,96	52,42	12,1	-27,43	-55,89	12,3	27,98	52,08	11,6	-27,58	-55,08	11,8
60,00	41,82	65,49	12,9	-41,43	-67,44	14,0	41,01	61,64	12,2	-41,98	-63,19	12,1	41,81	60,71	11,8	-41,44	-61,56	11,7
80,00	55,92	69,06	13,0	-55,89	-67,31	13,7	55,85	64,14	12,7	-55,82	-63,93	12,7	55,74	61,51	12,6	-55,63	-61,27	12,7
100,00	60,58	61,20	19,0	-65,76	-51,26	22,2	69,32	52,36	17,4	-69,59	-47,79	21,1	69,81	48,85	17,9	-69,95	-45,10	19,5
120,00	82,00	49,41	20,1	-84,04	-43,27	23,4	83,37	43,01	21,3	-83,91	-39,58	24,1	81,40	39,72	22,4	-83,64	-37,14	25,3
140,00	89,21	39,45	27,3	-98,06	-34,67	29,9												

9.3.4　Versuche mit zusätzlicher Auflast 10 kN/m und Kiesfüllung

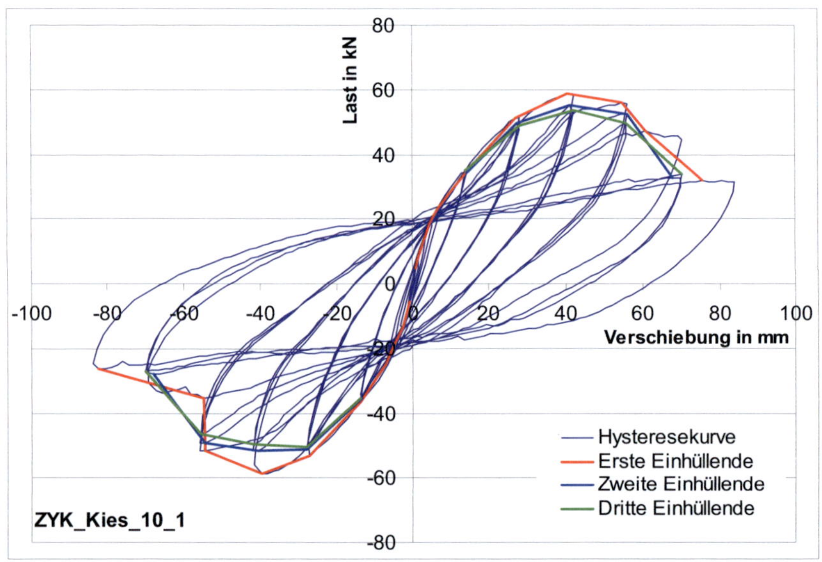

Bild 9-17:　Last-Verschiebungshysterese Versuch ZYK_KIES_10_1

Tabelle 24: Versuchsergebnisse ZYK_KIES_10_1

ZYK_KIES_10_1	Versuchsergebnisse des zyklischen Versuches		
maximale Verschiebung aus monotonem Versuch	$u_{max} = 70$ mm	Äquivalente hysteretische Dämpfung $v_{ed} = Ed/(2{*}pi{*}Epot)$	
Verschiebungsgeschwindigkeit für zyklischen Versuch	dr = 100 mm/min	*) Wandlänge = 3,0 m	
Versuchsdauer	30 min		

	Erste Einhüllende						Zweite Einhüllende						Dritte Einhüllende					
	Positiv			Negativ			Positiv			Negativ			Positiv			Negativ		
% von u_{max}	mm	kN *)	v_{ed} in %	mm	kN *)	v_{ed} in %	mm	kN *)	v_{ed} in %	mm	kN *)	v_{ed} in %	mm	kN *)	v_{ed} in %	mm	kN *)	v_{ed} in %
1,25	0,74	4,71		-0,85	-5,36													
2,50	1,36	8,20		-1,57	-9,14													
5,00	3,36	15,01		-2,63	-13,34													
7,50	4,39	18,35		-5,12	-18,95													
10	6,74	23,56		-6,96	-24,70													
20	13,98	34,84	11,5	-13,91	-36,56	13,6	13,98	34,48	11,0	-13,49	-35,46	11,6	13,96	35,03	10,8	-13,94	-35,58	10,8
40	26,93	51,30	13,3	-27,31	-53,01	14,8	27,32	49,74	12,3	-27,91	-51,16	16,3	28,01	48,98	11,4	-27,95	-50,26	11,3
60	40,26	58,71	15,0	-39,84	-58,82	16,7	41,12	55,05	14,1	-40,74	-51,55	17,7	41,94	53,51	13,9	-41,70	-49,83	14,0
80	54,40	56,03	17,9	-54,47	-51,60	18,9	55,98	52,38	17,4	-54,59	-49,36	16,6	55,68	49,57	16,6	-55,62	-46,65	16,0
100	60,64	47,15	24,7	-54,87	-35,33	37,5	67,70	32,76	30,5	-68,15	-28,10	34,1	69,88	33,88	25,6	-69,93	-27,08	33,9
120	75,35	32,04	35,5	-82,60	-26,43	36,7												

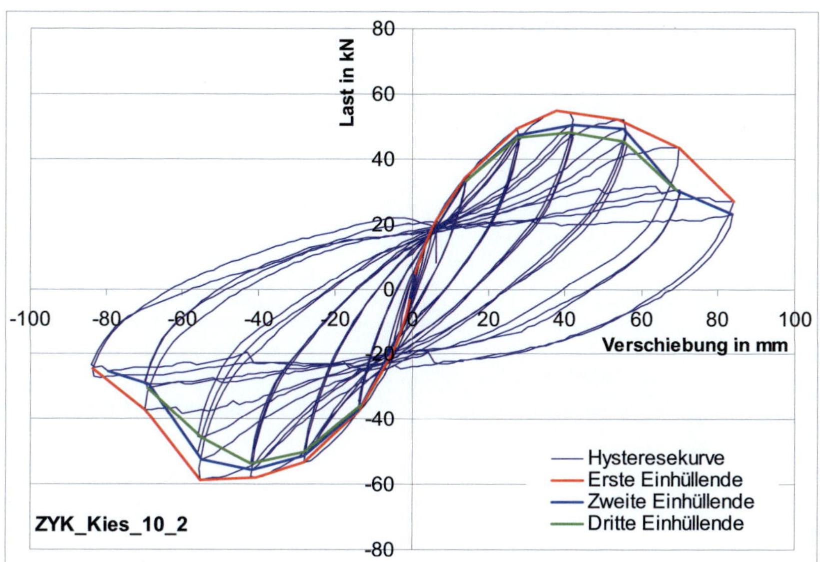

Bild 9-18:   Last-Verschiebungshysterese Versuch ZYK_KIES_10_2

Tabelle 25: Versuchsergebnisse ZYK_KIES_10_2

ZYK_KIES_10_2				Versuchsergebnisse des zyklischen Versuches														
maximale Verschiebung aus monotonem Versuch					u_{max} = 70 mm			Äquivalente hysteretische Dämpfung v_{ed} = Ed/(2*pi*Epot)										
Verschiebungsgeschwindigkeit für zyklischen Versuch					dr = 100 mm/min			*) Wandlänge = 3,0 m										
Versuchsdauer					34 min													
	Erste Einhüllende						Zweite Einhüllende						Dritte Einhüllende					
	Positiv			Negativ			Positiv			Negativ			Positiv			Negativ		
% von u_{max}	mm	kN *)	v_{ed} in %	mm	kN *)	v_{ed} in %	mm	kN *)	v_{ed} in %	mm	kN *)	v_{ed} in %	mm	kN *)	v_{ed} in %	mm	kN *)	v_{ed} in %
1,25	0,81	4,77		-0,80	-3,52													
2,50	1,61	8,49		-1,70	-8,29													
5,00	3,38	14,10		-3,42	-14,21													
7,50	4,99	18,48		-4,84	-18,71													
10	6,11	21,18		-7,01	-23,85													
20	13,59	34,12	11,4	-14,00	-37,65	12,3	13,03	32,47	10,7	-13,74	-37,13	10,4	13,93	33,31	10,8	-13,28	-35,69	11,1
40	27,15	49,24	13,7	-27,98	-53,35	14,5	27,37	47,50	12,0	-28,02	-51,26	11,8	27,50	46,41	11,7	-28,04	-50,16	11,6
60	37,63	54,87	17,3	-40,68	-58,13	16,2	41,86	50,57	14,1	-41,56	-55,61	13,3	41,03	48,23	14,5	-42,03	-53,76	13,0
80	53,57	52,16	14,9	-55,24	-58,65	17,7	55,08	49,48	0,2	-55,09	-52,56	16,5	54,95	45,45	17,0	-54,92	-45,78	18,6
100	69,75	43,34	22,4	-69,96	-37,05	32,2	69,05	30,50	33,8	-68,87	-29,48	32,4	69,05	30,50	29,6	-69,35	-30,30	32,4
120	84,01	26,89	41,0	-83,68	-24,59	38,7	83,92	22,89	43,2	-79,68	-25,23	37,5						

9.4   Anhang zum Abschnitt 5.3

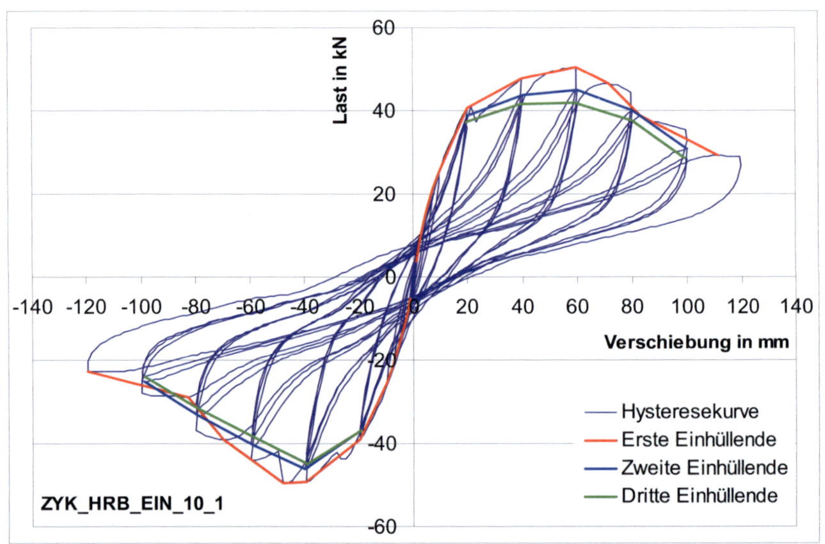

Bild 9-19:   Last-Verschiebungshysterese Versuch ZYK_HRB_EIN_10_1

Tabelle 26: Versuchsergebnisse ZYK_HRB_EIN_10_1

ZYK_HRB_EIN_10_1	Versuchsergebnisse des zyklischen Versuches		
maximale Verschiebung aus monotonem Versuch	u_{max} = 100 mm	Äquivalente hysteretische Dämpfung v_{ed} = Ed/(2*pi*Epot)	
Verschiebungsgeschwindigkeit für zyklischen Versuch	dr = 100 mm/min	*) Wandlänge = 3,0 m	
Versuchsdauer	43 min		

	Erste Einhüllende						Zweite Einhüllende						Dritte Einhüllende					
	Positiv			Negativ			Positiv			Negativ			Positiv			Negativ		
% von u_{max}	mm	kN *)	v_{ed} in %	mm	kN *)	v_{ed} in %	mm	kN *)	v_{ed} in %	mm	kN *)	v_{ed} in %	mm	kN *)	v_{ed} in %	mm	kN *)	v_{ed} in %
1,25	0,71	3,591		-1,246	-5,191													
2,50	2,456	9,354		-2,466	-8,791													
5,00	4,873	16,12		-4,985	-15,74													
7,50	7,19	21,26		-7,40	-21,13													
10,00	9,36	25,25		-9,71	-25,67													
20,00	19,86	40,62	11,7	-19,98	-39,02	12,1	19,98	38,71	9,5	-19,10	-36,73	10,0	19,27	37,38	9,5	-19,60	-36,94	9,0
40,00	39,74	47,61	15,0	-39,95	-49,26	15,3	39,97	43,83	10,4	-40,03	-46,14	9,7	39,06	41,58	9,5	-39,41	-44,81	9,2
60,00	59,66	50,51	13,0	-48,28	-49,59	17,0	59,96	44,87	9,6	-58,83	-40,51	9,9	59,02	41,88	9,0	-59,33	-38,48	9,1
80,00	71,19	46,47	12,8	-69,80	-39,13	14,5	79,91	39,86	8,9	-78,60	-33,59	9,8	80,02	37,65	8,0	-79,11	-31,69	9,2
100,00	82,64	38,87	12,4	-82,93	-28,89	14,9	99,83	30,67	9,4	-98,86	-25,25	11,3	98,69	28,60	9,4	-99,06	-24,10	11,0
120,00	110,9	29,12	11,8	-119,5	-22,76	14,7												

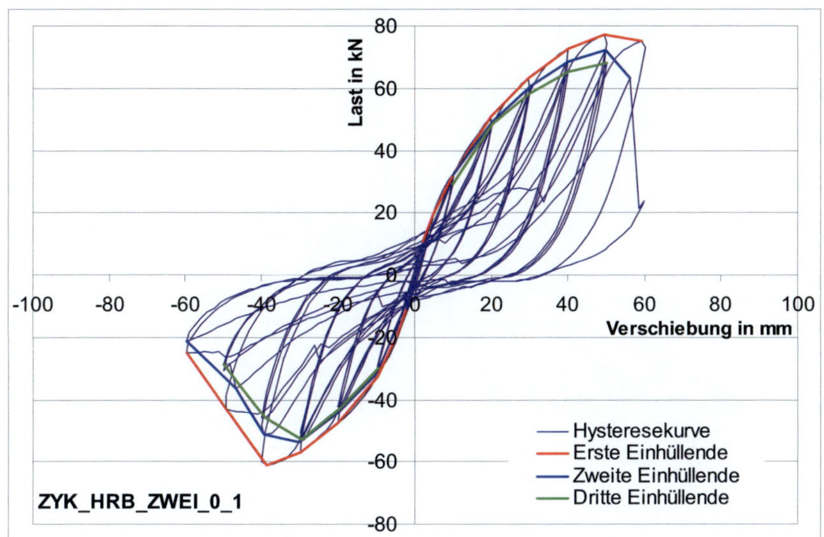

Bild 9-20:   Last-Verschiebungshysterese Versuch ZYK_HRB_ZWEI_0_1

Tabelle 27: Versuchsergebnisse ZYK_HRB_ZWEI_0_1

ZYK_HRB_ZWEI_0_1	Versuchsergebnisse des zyklischen Versuches																	
maximale Verschiebung aus monotonem Versuch				u_{max} = 50 mm				Äquivalente hysteretische Dämpfung v_{ed} = Ed/(2*pi*Epot)										
Verschiebungsgeschwindigkeit für zyklischen Versuch				dr = 100 mm/min				*) Wandlänge = 3,0 m										
Versuchsdauer				24 min														
	Erste Einhüllende							Zweite Einhüllende							Dritte Einhüllende			
	Positiv			Negativ			Positiv			Negativ			Positiv			Negativ		
% von u_{max}	mm	kN *)	v_{ed} in %	mm	kN *)	v_{ed} in %	mm	kN *)	v_{ed} in %	mm	kN *)	v_{ed} in %	mm	kN *)	v_{ed} in %	mm	kN *)	v_{ed} in %
1,25																		
2,50																		
5,00	1,966	10,58		-2,26	-11,61													
7,50	3,65	16,47		-3,64	-16,54													
10,00	4,64	19,82		-4,95	-20,62													
20,00	9,98	32,74	9,2	-9,91	-32,76	9,3	9,94	31,88	6,4	-10,00	-31,98	6,4	9,684	29,24	7,9	-9,34	-30,12	6,8
40,00	19,52	50,67	11,1	-19,82	-47,58	12,7	19,90	49,37	7,9	-20,00	-44,41	8,1	19,97	48,23	7,3	-19,21	-42,57	8,0
60,00	29,36	63,34	11,1	-29,62	-56,88	12,6	29,99	60,73	8,6	-29,95	-53,92	9,3	29,87	58,07	8,2	-29,24	-52,81	8,9
80,00	39,85	72,69	10,7	-38,38	-61,21	14,5	40,00	68,42	9,9	-39,15	-51,18	13,0	39,88	65,07	9,2	-38,85	-46,15	12,5
100,00	49,23	77,19	10,7	-49,36	-42,90	14,4	49,70	72,25	10,4	-46,64	-36,45	12,9	49,96	68,01	8,6	-50,01	-28,75	9,0
120,00	59,13	75,10	8,6	-59,79	-24,88	17,3	56,25	63,01	10,0	-59,77	-21,15	7,7						

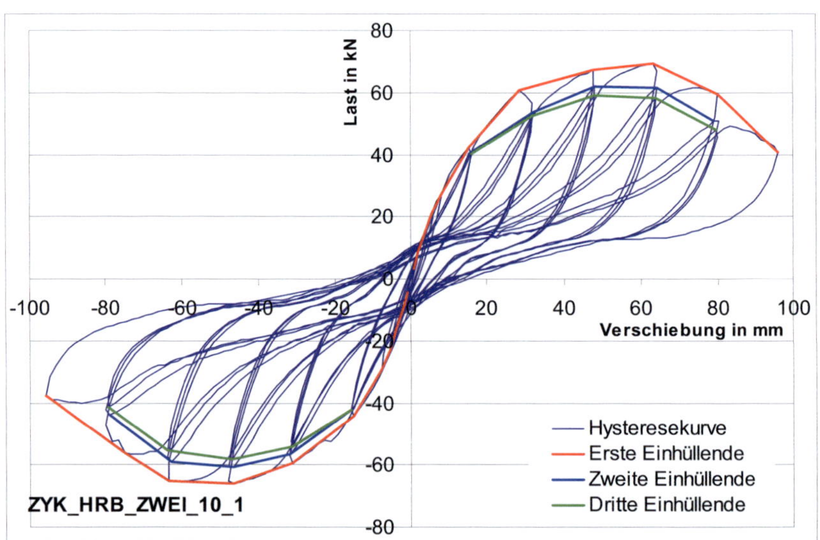

Bild 9-21:   Last-Verschiebungshysterese Versuch ZYK_HRB_ZWEI_10_1

Tabelle 28: Versuchsergebnisse ZYK_HRB_ZWEI_10_1

ZYK_HRB_ZWEI_10_1						Versuchsergebnisse des zyklischen Versuches												
maximale Verschiebung aus monotonem Versuch						u_{max} = 80 mm			Äquivalente hysteretische Dämpfung v_{ed} = Ed/(2*pi*Epot)									
Verschiebungsgeschwindigkeit für zyklischen Versuch						dr = 100 mm/min			*) Wandlänge = 3,0 m									
Versuchsdauer						34 min												
	Erste Einhüllende						Zweite Einhüllende						Dritte Einhüllende					
	Positiv			Negativ			Positiv			Negativ			Positiv			Negativ		
% von u_{max}	mm	kN *)	v_{ed} in %	mm	kN *)	v_{ed} in %	mm	kN *)	v_{ed} in %	mm	kN *)	v_{ed} in %	mm	kN *)	v_{ed} in %	mm	kN *)	v_{ed} in %
1,25	0,796	3,412		-0,877	-4,448													
2,50	1,66	8,655		-1,759	-7,851													
5,00	3,939	16,33		-3,877	-16,54													
7,50	5,31	20,98		-5,27	-22,77													
10,00	7,98	27,47		-7,70	-29,27													
20,00	15,28	42,46	10,0	-15,22	-44,48	10,9	15,11	40,02	8,4	-15,88	-42,22	8,7	15,94	40,05	8,0	-15,98	-42,45	8,2
40,00	28,21	60,79	15,4	-31,17	-59,41	14,5	32,00	53,62	8,9	-31,91	-56,80	8,9	31,64	52,31	7,5	-31,22	-54,34	8,7
60,00	47,49	67,26	11,5	-46,75	-66,24	12,9	47,68	62,03	8,5	-46,95	-60,87	8,2	47,80	59,20	7,7	-47,08	-58,24	8,2
80,00	63,00	69,18	10,6	-63,63	-65,35	12,2	63,98	61,68	8,2	-63,09	-59,01	8,8	63,71	58,36	7,6	-64,01	-55,48	8,2
100,00	79,91	59,37	10,9	-75,23	-56,40	12,9	78,79	50,95	8,1	-79,08	-43,91	9,2	79,30	48,08	7,5	-79,53	-41,63	8,5
120,00	96,05	40,74	11,0	-96,06	-37,59	12,1												